NOUVEAU CALENDRIER

DES JARDINS

POUR

LE MIDI DE LA FRANCE

INDIQUANT

TOUS LES TRAVAUX A FAIRE, AINSI QUE LES PRINCIPAUX SEMIS
DE CHAQUE MOIS, ET LES SOINS A DONNER
A LA CULTURE EN PLEIN AIR ET A LA CULTURE FORCÉE

PAR

GUEIDAN AINÉ

Md Grainier-Cultivateur

Membre des Sociétés impériales et centrales d'horticulture de France,
de Marseille, etc.

DIXIÈME ÉDITION

Revue et augmentée

EN VENTE

Chez les principaux Libraires
Et chez l'Auteur, rue de Rome, 19, Marseille

—

1870

NOUVEAU CALENDRIER
DES JARDINS

POUR

LE MIDI DE LA FRANCE

INDIQUANT

TOUS LES TRAVAUX A FAIRE, AINSI QUE LES PRINCIPAUX SEMIS
DE CHAQUE MOIS, ET LES SOINS A DONNER
A LA CULTURE EN PLEIN AIR ET A LA CULTURE FORCÉE

PAR

GUEIDAN AÎNÉ

M^d Grainier-Cultivateur

Membre des Sociétés impériales et centrales d'horticulture de France,
de Marseille, etc.

———

DIXIÈME ÉDITION

EN VENTE

Chez les principaux Libraires

Et chez l'Auteur, rue de Rome. 19. Marseille

—

1870

MONTPELLIER, IMPRIMERIE GRAS.

INTRODUCTION

—

De nombreuses corrections ont été faites à cette dixième édition, qui a été entièrement revue et considérablement augmentée.

Afin que nos jardiniers et amateurs trouvent facilement les indications de cultures à faire chaque mois, nous avons cru devoir leur donner un aperçu abrégé des principaux moyens à employer pour obtenir de bons résultats et éviter aussi des recherches toujours ennuyeuses pour le lecteur.

Nous n'avons pu indiquer qu'une époque moyenne pour la production de chaque espèce et variété de plantes potagères et de fleurs, parce qu'elles sont susceptibles de subir les influences atmosphériques, et qu'elles peuvent être soumises à une exposition de terrain et de climat qui avance ou qui retarde les époques de la fructification des légumes, des racines ou la floraison des fleurs.

Quant aux semis de chaque mois, on ne doit les observer que tout autant que la température est uniforme et convenable pour semer sans aucune crainte ; dans le cas contraire, on devra avancer ou retarder les semis selon que la saison sera hâtive ou tardive.

On trouvera intercalés, dans chaque mois, les soins à donner à la culture ordinaire pour plein air et à la culture forcée pour primeur, avec les époques de production.

On doit bien observer que les premiers semis de chaque saison sont toujours préférables, qu'on obtient généralement des produits beaucoup plus beaux et de meilleure qualité.

Le repiquage de tous les semis devra se faire par un temps humide et couvert, ou après avoir arrosé les plantes; on doit surtout les abriter des rayons du soleil.

Dans les travaux de chaque mois, nous indiquons tout ce qui peut être utile à l'horticulture et à l'agriculture.

Notre *Manuel des jardins,* que nous avons publié l'année passée, donne la description des plantes potagères et les soins à donner à la récolte des graines.

Nous engageons les personnes qui ont à faire des cultures d'une certaine importance et qui désirent avoir des renseignements plus détaillés à se procurer les ouvrages suivants :

Le Bon Jardinier. — Les Gravures du bon jardinier. — Le Nouveau Jardinier illustré. — Les Fleurs de pleine terre. — La Maison rustique du XIXme *siècle. — L'Atlas des fleurs de pleine terre. — Les 12 volumes de la Bibliothèque du jardinier,* etc., etc.

JANVIER

TRAVAUX DE CE MOIS

Dans ce mois, la végétation est arrêtée.

On continue les défoncements pour les plantations d'arbres à fruits, les artichauts, les melons, les courges, les asperges, les pommes de terre. (Fumer toujours avant le défoncement.)

On s'occupe à couper le bois de chauffage et l'on fait divers objets dont on peut avoir besoin dans la belle saison.

Les carrés non utilisés doivent être labourés et fumés, afin que le sol soit plus fertile et puisse produire plus tard, d'une manière avantageuse, les semences qui lui seront confiées.

On met en place les jeunes plantes vivaces.

Les carrés de terre destinés à recevoir des arbres doivent être plus profondément défoncés que ceux préparés pour les légumes.

Les labours doivent avoir lieu généralement en automne ; il ne serait pas prudent de les faire au printemps, si l'on désire que les semis réussissent bien.

S'il y a nécessité, on doit entretenir ou refaire les allées avec du petit gravier ou du gros sable.

A cette époque, on continue de faire des couches de champignons dans une cave sombre et d'une température chaude.

Si l'on possède une serre à légume, on doit souvent visiter les plantes que l'on désire conserver le plus longtemps possible, ôter toutes celles qui sont pourries et prendre pour la consommation les plus avancées.

Quand le temps ne permet pas de travailler la terre, on doit faire réparer les paillassons, les vieux coffres, mettre les vitres qui manquent aux châssis, réparer les outils qui sont en mauvais état ; on mastique et l'on peint les panneaux à réparer.

Par un temps calme et surtout menaçant la pluie, on peut faire les semis de ce mois, en ayant la précaution de les couvrir d'une légère couche de bon terreau et ensuite de 7 centimètres de paillis sec, pour garantir de la gelée la levée des semis. Une fois que les semis de carotte, radis, sont un peu avancés, il serait convenable de mettre pendant la nuit des paillassons ou autres objets pour garantir les jeunes semis des fortes gelées.

Les semis de tomates, melons, haricots hâtifs, aubergines, peuvent se faire sur couche à partir de ce mois, si l'on veut avoir des fruits précoces.

1

On taille tous les arbres en espalier et en quenouille.

On doit terminer la plantation de tous les arbres fruitiers. (La plantation et la taille des arbres fruitiers faites en novembre et en décembre sont toujours préférables.)

On émonde, on enlève les chenilles et on taille les grosses branches d'arbres.

On peut commencer la plantation de garance.

Détruire tous les insectes qui naissent (par les moyens que nous avons indiqués dans notre *Manuel des jardins*).

Pour donner une grande vigueur aux arbres et les empêcher d'être languissants, on doit y répandre des engrais liquides.

Si l'on désire que la volaille ponde de bonne heure, on lui donne un tiers de plus de nourriture.

SEMIS DE POTAGER

Arbres fruitiers (plantation d').

Production l'été et l'automne.

Artichaut vert. — A. violet. — A. gros camus de Bretagne. — A. gros vert de Laon.

Se sème *sous châssis* dans de petits pots (trois graines par pot). — Repiquer en avril, en plein air, dans une terre bien fumée, à distance de 60 cent. — On récolte la troisième année en août.

Asperge de Hollande. — A. violette d'Ulm. — A. d'Argenteuil (griffes).

Plantation. — Demande le meilleur terrain, le plus bas et le mieux exposé au midi. — Bon défoncement de 70 cent. — Ouvrir des fosses de 65 cent. de profondeur sur 50 cent. de largeur et les remplir de terre sablonneuse, perméable et douce, que l'on mélange d'engrais. — On plante à 50 cent. en tous sens. — Recouvrir les racines de 10 cent. de terreau. — Arroser, biner et sarcler — On récolte par semis la quatrième année en plantant des greffes d'un an la troisième année, et avec des greffes de deux ou trois ans on peut cueillir la deuxième année.

Aubergine violette, longue et ronde.

Se sème *sous châssis.* — Repiquer en plein air, en avril, à 60 cent. dans une terre bien fumée. — Exposition chaude. — Arrosements fréquents. — Sarcler souvent. — Les raies des vaseaux, inclinés au midi, doivent avoir 70 cent. — On récolte en juillet.

Cardon de Tours, épineux. — C. d'Espagne, sans épine. — C. inerme. — C. à côtes rouges. — C. de Puvis.

On sème sous châssis dans de petits pots. — Repiquer en avril, en pleine terre — Le terrain doit être bien fumé et travaillé profondément.

— On distance de 60 cent. — Arrosages fréquents. — On récolte en septembre.

Carotte rouge, demi-longue, pointue.—C. rouge, courte, grosse. — C. rouge, très-courte ou ronde. — C. jaune, courte.

Se sème très-clair, en plein air, en place, à la volée, par planches et vaseaux ou par rayons en lignes espacées de 20 cent. — Demande une terre fraîche, légère et douce. — On doit sarcler, faire de profonds labours; point d'engrais récent. — On récolte en mai.

Céleri plein blanc. — C. court hâtif. — C. rave.

On sème *sous châssis*. — Une fois que les plants ont atteint 15 cent., on repique à 50 cent., en rayons espacés de 75 cent. ; à une bonne exposition. — Beaucoup d'engrais. — On récolte en juillet.

Cerfeuil ordinaire. — C. frisé.

On sème en plein air, en place, par planche, par rayon ou par bordure. — Exposition au midi, abritée du froid. —Terre douce. —Arrosement et sarclage fréquents. — On doit recouvrir très-peu la graine en terre. — On récolte en février.

Champignon (blanc de).

Même culture que celle du mois d'avril.

Chicorée à couper, ou amère.— C. améliorée.— C. à feuilles panachées. — C. à café.

On sème en plein air, en place, par planches, par rayons ou par bordures. — Arrosements fréquents. — On récolte en février-mars.

Chou pommé ou cabus de St-Denis. — C. quintal. — C. de Hollande, pied court. — C. de Schweinfurth.— C. rouge, gros et petit.

Les semis se font en plein air, très-clairs. Quand les plants ont quelques feuilles, on les repique à distance de 80 cent.—Terre bien fumée et un peu consistante. —Arrosements fréquents.— Sarcler.—Garantir du froid les jeunes semis. — La récolte a lieu en juin-juillet.

Ciboule vivace.

Les semis se font en plein air, dans une terre bien préparée, pour repiquer au bout de trois mois, en bordure, à distance de 12 cent. (mettre deux plants ensemble), dans une terre légère et substantielle. — Production en mai.

Cresson alénois commun. — C. frisé. — C. doré. — C. à larges feuilles.

On sème en plein air, très-clair, en place, par planches ou par bordures, dans tout terrain et à toute exposition. — On récolte en février.,

Echalotte (gousses), vivace.

On la multiplie par bulbes. — Demande une terre douce et saine fumée quelque temps à l'avance. — On plante en bordure ou en planche à 15 cent. de distance, en tous sens. — On récolte en mai.

Epinard commun. — E. d'Angleterre. — E. de Hollande. — E. d'Esquermes.

On sème en plein air, en place, à la volée, par planches, à une exposition chaude. — Demande une terre largement fumée et bien ameublie. — On récolte en mars.

Estragon (plants).

On la multiplie en divisant les pieds des fortes touffes. — On plante en bordure à 40 cent. de distance, dans un terrain bien labouré.— On peut récolter en mai.

Fève de marais. — F. de Windsor, tardive. — F. julienne, très-précoce.—F. à longue cosse (caroubière).—F. violette.— F. naine hâtive.

On sème en plein air, en place, par rayons ou par touffes, en mettant quatre fèves par trou, espacés de 30 cent. —Au moment de la floraison, supprimer le bout des jeunes pousses. — Réussit dans tout terrain. — On récolte en juin.

Gombo blanc et violet.

On sème *sous châssis*. Plus tard, on les transplante à 65 cent. de distance, en terre légère bien fumée.— Arrosements fréquents en été. — On récolte en août.

Haricot nain hâtif, de Belgique. — H. nain hâtif, de Hollande. — H. nain flageolet blanc.

Culture forcée pour primeur, sous châssis. — On récolte en avril (même culture que celle du mois de décembre).

Laitue pommée du printemps, gotte.— L. dauphine.—L. lente à monter.

On sème en plein air, à une bonne exposition, contre un mur. — Couvrir le semis pendant les fortes gelées. — On récolte en avril.

Laitue chicorée. — L. épinard.

On sème la laitue à couper, en plein air, en place, à la volée (sans repiquer), par planches, par rayons ou par bordures.— Elles demandent des engrais et des arrosements. — On récolte en février.

Melon. — M. ananas (de poche). — M. chito. — M. cantaloup, Prescott, gros et petit. — M. noir des Carmes. — M. cantaloup, orange.

(Les variétés tardives du mois d'avril peuvent se semer dans ce mois sous vitre, pour repiquer ensuite en plein air à la belle saison.)

Culture forcée pour primeur sous châssis.—Le 20 janvier, on sème sous châssis, dans de petits pots (trois graines dans chaque pot). — On transplante trente-huit jours après dans un châssis, bâche ou coffre que l'on a préparé d'avance dans de bonnes conditions, c'est-à-dire que la couche doit avoir 20 cent. d'épaisseur. — Garnir de fumier neuf l'extérieur des châssis, que l'on distance de 75 cent. les uns des autres. — Ne mettre qu'une plante, la plus vigoureuse.—Arroser chaque pied et n'ouvrir le châssis qu'à la reprise.—Trente jours après la plantation, on couvrira le sol de litière consommée. — Arrosement le matin, une fois par semaine.

Première taille ou pincement en pot. — Lorsque le plant a atteint sa troisième feuille, on supprime la tige au-dessus des deux feuilles, non compris les cotylédons, afin de faire pousser deux tiges.

Deuxième taille ou pincement sur place. — On pince après le troisième nœud, ce qui provoque plus tard l'émission de deux autres tiges que l'on pince une troisième fois au-dessus du troisième nœud ; alors le fruit paraît. Lorsqu'il est gros comme une noix, on pince la tige qui le produit entre deux nœuds. — Ne laisser se développer que trois fruits à chaque plante.

Oignon blanc hâtif, de Nocera.

On sème clair, en plein air, à la volée, en place. — Demande une terre bien labourée et bien fumée. — On récolte en juin.

Oseille vierge (touffes), vivace.

On la multiplie par éclats de pieds, que l'on plante en bordure, à 25 cent. de distance sur un sol léger et profond. — On cueille en février.

Persil ordinaire. — P. nain, très-frisé. — P. à grosse racine. — P. gros, de Naples.

On sème en plein air, en place, par planches, par rayons ou par bordures. — Exposition au midi.—Arrosements et sarclages. — Demande une terre bien meuble, douce, profonde. — Garantir les plants des fortes gelées. — On cueille en mai.

Pois à écosser, nain quarantain.— P. nain, du pays. — P. très⁻ nain, de Bretagne (pour bordure). — P. nain hâtif. — P. nain, bishop ou évêque. — P. gros sucré, nain.— P. ridé, nain. — P. anglais, nain — P. nain l'évêque.

Pois à écosser, mi-rame de Hollande. — P. prince Albert. — P. Early-Daniel O'Rourk.

Pois à écosser, à rames. — P. Michaux de Paris.

Pois mange-tout, nain hâtif de Hollande. — P. mange-tout, mi-rames.

Les semis se font en plein air, en place, par touffes ou par rayons, espacés de 30 cent. pour les nains, de 50 cent. pour les mi-rames et de 60 cent. pour ceux à grandes rames, sur une plate bande, le long des murs exposés au midi.— Demande une terre saine et légère, avec des engrais consommés. — Dans les terres fortes, de simples amendements suffisent. — Couvrir très-peu les semis. — La récolte a lieu en mai-juin.

Radis rond rose, hâtif. — R. rond blanc. — R. gris d'été. — R. violet. — R. demi-long écarlate. — R. demi-long à bout blanc.

On sème en plein air, en place, par planches, dans toute terre. — Garantir les racines des fortes gelées.— Arrosages et sarclages à la main. — On récolte en février.— Les radis demi-longs, écarlates, réussissent toujours mieux en hiver et demandent moins de soins.

Tétragone (épinard d'été).

On sème sous châssis dans de petits pots remplis de terreau (espacer les graines à 10 cent.), à la belle saison. — On les enlève en mottes, pour les mettre en place à 55 cent. — On cueille en juin-juillet.

Tomate (pomme d'amour) rouge, grosse. — T. rouge naine, hâtive, à feuille crispée. — T. jaune, grosse.— T. à tige raide (gros fruit rouge).

Culture pour primeur sous châssis.—On sème sous châssis quand les plants ont atteint 6 cent. — On les repique en pépinière sous châssis ; puis on arrose et on recouvre les jeunes plants quelques jours après.— Donner de l'air et de la lumière en ouvrant peu à peu le châssis, après les gelées.—On repique en plein air, au midi, à 25 cent. de distance, en rayons espacés de 1 mètre 20 cent.— Arrosages fréquents.— On récolte en juin.

Topinambour (tubercules).

Le terrain ne doit pas être fumé récemment. — Réussit dans tout terrain. — On plante par touffes à 50 cent. en tous sens, à 15 cent. de profondeur dans les terres fortes, et à 20 cent. dans les terres légères.— On récolte en octobre.

SEMIS DE FLEURS

Auricule, *Oreille-d'ours*. — Sc. 15. — Vivace, odorante. — Rocaille.— Terre consistante, franche et légère.— Exposition mi-ombragée et au nord.—Semis sous châssis en terre légère. — 2me année, en avril, fleurs variées en couleurs.

Julienne de Mahon. — Annuelle. — Sp. 25. — Bordure. — Rustique, odorante. — Toute terre. — Toute exposition. — En avril, fleurs lilas, violettes, blanches ou rouges.

Lavatère à grandes fleurs. — Sp. 100. — Annuelle. — Massif. — Terre substantielle, fraîche. — Toute exposition. — En juillet, fleurs roses ou blanches.

Pois de senteur. — Sp. 120. — Annuel. — Odorant. — Grimpant. — Terre ordinaire. — Bonne exposition. — En juin, fleurs violettes, roses ou blanches.

Pois vivace, *Lathyrus latifolius.* — Sp. 180. — Grimpant. — Terre ordinaire, bonne exposition. — En juin, fleurs roses.

Réséda odorant. — **R. à grande fleur.** — Sc. 30. — Bordure, annuel (vivace en serre). — Toute terre. — Bonne exposition. — En mai, fleurs verdâtres.

FÉVRIER

TRAVAUX DE CE MOIS

On termine complétement les travaux du mois de janvier.

On peut toujours s'occuper de couper le bois.

On peut semer, avec le blé ou l'avoine, de la graine de sainfoin ou de trèfle violet.

On détruit toutes les herbes parasites et inutiles à la culture.

On nettoie tous les arbustes.

On doit vérifier et réparer toutes les rigoles des prairies.

Si les terres sont trop humides, on fait des fossés, afin que l'eau ne séjourne pas trop longtemps dans le potager.

Sur les terres destinées à la plantation des pommes de terre, on y porte le fumier nécessaire à la culture.

On peut commencer à fumer pour la culture du mois prochain.

On profite des mauvais temps pour réparer les outils, faire des paillassons, tuteurs, etc.

On se procure les greffes nécessaires pour le mois de mars; puis on les plante ensemble provisoirement dans une terre pas trop humide.

Si le temps le permet on fait les semis de ce mois; s'il ne gèle pas, on plante les pommes de terre, asperges, oignons, choux, fraisiers, artichaux, ciboulettes, et autres plantes qui peuvent être transplantées dans le courant de ce mois.

On continue la culture sur couche, ou bien on en construit de nouvelles, si l'on désire avoir plus tard des produits précoces et successifs.

Pendant les belles journées de ce mois, on doit découvrir les vitrages des couches, afin de faire profiter les semis du mois précédent des rayons du soleil, ce qui empêche les plants de s'étioler ou de pourrir par une humidité constante.

On plante des bordures d'oseille, de thym, d'échalotte, de ciboulette, d'estragon.

On peut repiquer les melons, tomates et autres plantes qui doivent être cultivées sous châssis vitrés.

C'est la dernière saison pour la taille des arbres fruitiers ; on ne doit pas attendre que la séve soit en pleine végétation.

On taille le pêcher, le prunier, le cerisier, l'abricotier, la vigne et les arbustes.

On plante tous les arbres verts.

On fait des boutures de pruniers, cognassiers, etc.

Si l'on a des arbres à palisser, on doit le faire au plus tôt et ne pas attendre que les arbres bourgeonnent, ce qui rendrait ce travail difficile.

On plante des boutures en pépinière pour avoir l'année suivante des sujets bons à être greffés.

Ceux qui ont des serres à légumes peuvent avoir à cette époque des chicorées frisées et scaroles, choux-fleurs, cardons, céleri, chicorée, barbe de capucin, etc.

Toutes les fois que le temps le permet, on doit labourer et terminer les défoncements, afin d'achever sans retard les plantations et ne pas renvoyer ces travaux au mois prochain.

SEMIS DE POTAGER

Ail ordinaire. — A. rose. — A. d'Espagne ou Rocambole (gousses).

On détache de la bulbe les cayeux, que l'on plante par un temps couvert à 20 cent. de distance (en planche ou en bordure) — Demande une bonne terre forte, pas trop humide, et fumée avec du fumier de cheval. — Produit en juin (rocambole en août).

Alkekenge jaune douce (coqueret).

On sème sous châssis en terre ordinaire. — En avril on repique les plants en pleine terre, à distance de 15 cent. — On récolte en septembre.

Arbres fruitiers (plantation d').

Arroche blonde. — A. rouge. -- A. très-rouge (belle-dame ou blé).

On sème en plair air, en place, par rayons ou à la volée. — **Tout** terrain lui convient. — On récolte en mai.

Artichaut vert — A. violet. -- A. gros camus de Bretagne.— A. gros vert de Laon.

Semis sous châssis (même culture que celle du mois de janvier).

Asperge de Hollande (griffes).—A. violette d'Ulm.—**A.** d'**Ar**genteuil (griffes et graines).

Plantation. — Même culture que celle du mois de janvier.

Aubergine violette, longue et ronde.

Semis sous châssis (même culture que celle du mois de janvier).

Baselle grimpante, haute de 2 mètres.—On mange les feuilles en guise d'épinard pendant l'été.

On sème sous châssis pour repiquer lorsqu'on n'a plus à craindre des gelées. — En pleine terre, contre un mur treillagé et au midi. — On cueille en août.

Cardon de Tours, épineux.— C. d'Espagne, sans épine. — C. à côtes rouges. — C. de Puvis.

Semis sous châssis (même culture que celle du mois de janvier).

Carotte rouge, demi-longue, pointue. — C. rouge, courte, grosse. — C. rouge, très-courte ou ronde hâtive. — C. jaune, courte.

Semis en plein air (même culture que celle du mois de janvier). — On récolte en mai.

Céleri plein blanc. — C. court hâtif. — C. rave.

Semis sous châssis (même culture que celle du mois de janvier). — On récolte en août.

Céleri nain frisé. — C. à couper, petit ou creux.

On sème clair en place, en plein air, dans tout terrain.— On récolte en avril.

Cerfeuil commun. — C. frisé.

Semis en plein air (même culture que celle du mois de janvier). — On récolte en mars.

Champignon (blanc de).

Culture en cave (même culture que celle du mois de mars).

Chicorée frisée d'Italie. — C. très-frisée, mousse.

On sème en plein air, clair, pour repiquer plus tard en rayons, à distance de 20 cent., en tous sens. — Binages et arrosages fréquents. — On peut semer aussi très-clair, en place et à la volée sans repiquage ; mais on doit, dans ce cas, éclaircir les jeunes plants. — On récolte en mai.

Chicorée à couper, ou amère.

Semis en plein air (même culture que celle du mois de janvier).

Chou pommé ou cabus de St-Denis. — C. quintal. — C de Hollande, pied court.— C. de Schweinfurth.— C. rouge, gros et petit.

Chou frisé de Milan, court, hâtif d'Ulm. — C. frisé, gros, des vertus. — C. frisé, doré.

Chou à jets de Bruxelles.

Les semis de tous les choux de ce mois se font en plein air, très-clair. Quand les plants ont quelques feuilles, on les repique à distance de 80 à 90 cent., en rayons espacés de 1 mètre. — Terre bien fumée et un peu consistante. — Arrosements fréquents. — Sarcler.—Garantir du froid les jeunes semis. — On récolte en juin-juillet.

Chou marin ou Cambé maritime.

Cette plante vivace fournit chaque année, en avril, des feuilles et des tiges très-tendres, et d'excellente qualité. — Ne produit que la deuxième année de semis.

On établit des rigoles espacées de 30 cent. ; on y répand assez dru la graine, que l'on recouvre de 5 cent. de terreau.—Tenir humide jusqu'à la levée. — Eclaircir le semis à 15 cent. de distance. — Sarcler et biner. — En octobre, débarrasser chaque plante des feuilles mortes, puis recouvrir la rigole de terreau. — L'année suivante, en février, on repique en place sur des planches bien défoncées et amendées d'avance. — On trace des rangs à 60 cent. de distance, pour y transplanter les choux-marins à 45 cent. de distance.

Ciboule , vivace.

Semis en plein air (même culture que celle du mois de janvier). — Production en juin.

Ciboulette civette, appétit.

Cette plante vivace ne se multiplie que par séparation de cayeux, que l'on repique en bordure ou en planches à 30 cent. de distance.— **Tout terrain**. — Toute exposition — On peut cueillir à partir de mai-juin.

Claytone perfoliée ; plante annuelle, haute de 35 cent.

On sème en plein air, **très-clair**, en place, par rayons, à bonne exposition. — Terre douce terreautée.

On l'emploie comme l'oseille et l'épinard ou bien pour fourniture de salade. — On cueille en avril.

Concombre long blanc. — C. long jaune. — C. long vert. — C. court vert hâtif, pour cornichon. — C. serpent, pour cornichon. — C. petit très-hâtif de Russie, pour cornichon.

On sème sous châssis, pour repiquer en pleine terre à une bonne exposition, dans des trous remplis de fumier et recouverts de 25 cent. de terreau. — Arrosements fréquents. — Demande une terre douce, légère et bien fumée. — On récolte en mai.

Corne-de-cerf (plantain). On emploie les feuilles comme fourniture de salade.

On sème en plein air, en place, en terre légère. — Arroser souvent pour avoir toujours des feuilles tendres.

Courge musquée de Marseille. — C. gros potiron vert , jaune ou blanc. — C. potiron d'Espagne. — C. giraumon, bonnet Turc. — C. pâtisson, bonnet de prêtre, des Patagons. —

C. pleine de Naples. — C. sucrière du Brésil. — C. coucouzelle d'Italie. — C. aubergine blanche. — C. courgeron de Genève. — C. à la moelle.

On sème cinq graines par petits pots remplis de terreau que l'on place sous châssis; puis on repique en place sur un sol sain et bien amendé à 1 mètre 25 cent. de distance. — Biner et arroser fréquemment. — On récolte en juillet.

Cresson de terre ou des jardins, vivace, ressemblant à celui de fontaine.

On sème clair en place et en lignes, dans une terre franche, légère et humide.

Cresson alénois commun. — C. frisé. — C. doré. — C. à larges feuilles.

On sème en plein air, en place, en planches ou en bordures, dans tous les terrains et à toutes les expositions. — On cueille en mars.

Échalotte (gousses), vivace.

Même culture que celle du mois de janvier.

Épinard commun. — E. d'Angleterre. — E. de Hollande. — E. d'Esquermes.

On sème en plein air, en place, à la volée, par planches, à une exposition chaude. — Demande une terre largement fumée et bien ameublie. — On cueille en avril-mai.

Estragon (plants).

Cette plante herbacée se multiplie en divisant les pieds des fortes touffes. — On plante à 40 cent. de distance, en bordure, dans un terrain bien labouré. — On récolte en mai.

Fenouil de Florence.

Même culture que celle du mois d'octobre. — On récolte en septembre.

Fève de marais. — F. de Windsor tardive. — F. julienne très-précoce. — F. à longue cosse (caroubière). — F. violette — F. verte. — F. naine hâtive.

Même culture que celle du mois de janvier.

Gombo, blanc et violet.

On sème sous châssis.—Plus tard, on transplante à 65 cent. de distance en terre légère bien fumée. — Arrosements fréquents l'été. — On récolte en septembre.

Haricot nain hâtif de Belgique. — H. nain de Hollande. — H. nain flageolet blanc.

Culture forcée pour primeur sous châssis (même culture que celle du mois de décembre). — On récolte en avril-mai.

Laitue pommée d'été de Versailles. — L. blonde paresseuse. — L. Batavia blonde. — L. de Malte très-grosse. — L. chou de Naples. — L. turque. — L. grosse brune paresseuse. — L. palatine brune, hollandaise.

On sème en plein air pour ensuite repiquer les plants en place (une fois qu'ils ont obtenu cinq feuilles), à 35 cent. de distance, dans une terre franche, légère, substantielle. — Arrosements fréquents.

(On peut encore semer en plein air les laitues du printemps pour récolter en mai).— On récolte en juin.

Laitue chicorée. — L. Épinard.

On sème les laitues à couper en plein air, en place, à la volée (sans repiquer), en planches, en rayons ou en bordures. — Demande des engrais et des arrosements. — On récolte en mars.

Melon ananas (de poche). — M. chito. — M. cantaloup, Prescott gros et petit. — M. noir des carmes.— M. orange, grimpant.

(Les variétés tardives du mois d'avril peuvent se semer dans ce mois sous vitre, pour repiquer ensuite en plein air à la belle saison).

Culture forcée pour primeur (même culture que celle du mois de janvier). — On récolte en juin, sous châssis.

Moutarde blanche et noire.

Ses jeunes feuilles s'emploient comme fourniture de salade, et l'on se sert de sa graine triturée comme assaisonnement ou comme remède.

On sème en plein air, en place. — Demande une terre profonde et fraîche. — On récolte en avril.

Navet blanc plat hâtif. — N. rouge plat hâtif. — N. turnep (rave). — N. long blanc des vertus. — N. jaune de Finlande. — N. noir hâtif.

On sème en plein air, très-clair, en place et à la volée.—Éclaircir les semis et sarcler.— Tout terrain.— Point d'engrais récent.— On récolte en avril-mai.

Oignon blanc hâtif de Nocéra.

On sème en plein air, clair, à la volée, en place. — Demande une terre bien labourée et bien fumée. — On récolte en juin.

Oseille large de Belleville. — O. patience.

On sème en plein air, en place, très-clair ou bien en pépinière, pour repiquer plus tard autour des planches du potager, en bordure à 50 cent. de distance, sur un sol léger et profond. — On cueille en avril.

Oseille vierge (touffes), vivace.

On la multiplie par éclats de pieds, que l'on plante en bordure à 25 cent. de distance, sur un sol léger et profond. — On cueille en mars.

Panais long et rond ; bisannuel.

On sème en plein air, clair, en place, à la volée, par planches ou par rayons. — On distance les lignes ou les rangs à 30 cent. — Demande une terre légère, fraîche, douce, profonde et fumée de l'année précédente. — Produit en juin.

Patate (tubercules) rouge d'Amérique. — P. rose. — P. violette de la Nouvelle-Orléans. — P. jaune de Malaga. — P. igname de la Guadeloupe.

Plantation par tubercules. — Travailler la terre convenablement.— Faire une couche de litière avec 15 cent. de terreau passé au crible.— Placer les tubercules dans un châssis, les couvrir de 10 cent. de terreau. — Une fois que les pouces ont 17 cent. de longueur, on les détache à la naissance des tubercules, pour les planter en pots ou en pépinière sous un panneau vitré contenant du bon terreau. - En mai, on les transplante en place, en plein air, dans une terre douce bien préparée, à une bonne exposition, par rang de 1 mètre de distance avec des buttes de 16 cent. de haut. — Les plants se distancent de 25 cent. sur le rang — Arrosements fréquents. — On récolte en août-septembre.

Persil ordinaire — P. nain très-frisé. — P. à grosse racine. — P. gros de Naples.

Semis en plein air (même culture que celle du mois de janvier).

Piment ou poivron rond, ordinaire. — P. gros carré, doux. — P. long de Cayenne — P. tomate. — P. enragé.

On sème sous châssis; puis on repique à une bonne exposition, à 50 cent. — Arrosement, binage et engrais.— On récolte en août.

Poireau long. — P. gros court de Rouen. — P. court ordinaire.

On sème en plein air, à la volée, par planches, bien labourée. — Fumer copieusement. — On repique en juin à 15 cent. de distance en tous sens et à 10 cent. de profondeur, en rayons espacés de 30 cent. — Demande une terre substantielle et douce. — Sarclage, arrosage et binage entre les rayons. — On récolte en juin.

Poirée à carde blanche, jaune, rouge ou frisée. — P. petite, blonde ou bette.

La poirée à carde se sème clair en plein air, pour repiquer par planches ou par rayons, à 25 cent. de distance (dans les mauvais terrains on sème très-clair en planches sans repiquer). — Récolte en septembre.

La poirée blonde à couper se sème plus épaisse en place, en planches ou en bordures — Récolte en mai.

Pois à écosser nain quarantain. — P. nain du pays. — P. très-nain de Bretagne (pour bordure) — P. nain hâtif. — P. gros sucré, nain. — P. ridé nain. — P. nain Anglais. — P. nain l'évêque.

Pois à écosser, mi-rames de Hollande. — P. prince Albert. — P. Early-Daniel O'Rourk.

Pois à écosser à rames. — P. Michaux de Paris.

Pois mange-tout, nain, hâtif de Hollande — P. mange-tout mi-rames.

Les semis de tous les pois se font en plein air (même culture que celle du mois de janvier).

Pomme de terre (tubercules) quarantaine de Valence. — P. truffe d'août. — P. chave. — P. Marjolin très-hâtive. — P. jaune de Hollande. — P. rouge de Hollande.

Plantation. — On plante par touffes à 50 cent. en tous sens, et à 15 cent. de profondeur dans les terres argileuses (dans les terres légères et siliceuses on plante à 20 cent.).—On espace les rangs ou ados à 75 cent., pour qu'on puisse butter facilement. — Demande une terre saine et fumée de l'année précédente.— On butte et l'on fait quelques binages jusqu'à la récolte, que l'on fait en avril-mai, une fois que les tiges sont amorties.

Radis rond rose hâtif. — R. rond blanc. — R. gris d'été. — R. jaune d'été. — R. violet. — R. demi-long écarlate. — R. demi-long bout blanc. — R. d'Augsbourg. — R. long écarlate ou rave longue rouge. — R. long tortillé du Mans ou rave longue blanche.

On sème en plein air, en place, par planches dans toute terre. — Garantir les racines des fortes gelées. — Arrosages et sarclages à la main. — On récolte en mars-avril.

Rhubarbe, vivace. — On se sert des côtes ou pétioles des feuilles pour des confitures et des gâteaux ; on en fait même un sirop excellent.

On sème en plein air, en terrine ou en plate-bande, en terre légère, pour les repiquer en terre saine et profonde.—On peut multiplier aussi par séparation de pied. — On récolte la deuxième année en avril.

Salsifis blanc.

On sème en plein air, très-clair, en place, à la volée, ou bien en rayons.—Les semis par lignes ou par rayons doivent avoir 20 cent. de distance, chaque rang une distance de 5 cent. —Demande une terre légère, substantielle, labourée profondément et bien ameublie.—Binages et sarclages. — Point de fumier récent. — On récolte en septembre.

Sauge *officinale*. — Vivace, tige haute de 60 cent.— Les feuilles servent pour aromatiser les mets.

On sème en plein air, en pépinière, pour repiquer en bordure.— On récolte en août.

Scorsonère, salsifis noir.

On sème assez épais, afin que les racines soient régulières.—Demande une terre douce et de bonne qualité. — Les semis se font en plein air, à la volée, ou bien par rayons de 20 centimètres de distance.—Les rangs doivent avoir 5 centimètres de distance. — Point d'engrais récent. —Pour avoir de grosses racines, on ne récolte que la deuxième année, en octobre.

Souchet, comestible (tubercules), annuel.

Cette plante donne de nombreux tubercules, qui se mangent rôtis; on en fait aussi une espèce d'orgeat.

On les plante par trois tubercules à chaque trou, à 5 cent. de profondeur, espacés de 30 cent.—Biner, sarcler et arroser.—La récolte a lieu en juin.

Tétragone (épinard d'été).

Semis sous châssis (même culture que celle du mois de janvier).

Thym, vivace. — La tige et les feuilles servent pour aromatiser les mets.

On le multiplie par séparation des fortes touffes, que l'on plante en bordure. — On sème aussi en terre douce pour repiquer en motte par bordure. — Produit toute l'année.

Tomate (pomme d'amour) rouge grosse — T. rouge naine hâtive, feuille crispée. — T. jaune grosse. — T. à tige raide, à gros fruit rouge.

Semis sous châssis (même culture que celle mois de janvier).

Topinambour (tubercules).

Le terrain ne doit pas être fumé récemment. — Réussit dans tout terrain. — On plante par touffes à 50 cent. en tous sens et à 15 cent. de profondeur dans les terres fortes, à 20 cent. de profondeur dans les terres légères. — On récolte en novembre.

SEMIS DE FLEURS

Acacia *farnesiana, Cassié.* — Sc. 350. — Odorante. — Arbuste ligneux; serre.—Vivace.—Terre franche, légère.— Exposition chaude. — 3me année, en avril, fleurs jaunes très-odorantes.

Achillea *filipendulina* — Sc. 120. — Vivace.— Massif.— Odorante —Terre de bruyère.—Exposition au nord.— 2me année, en juin, fleurs jaune d'or en corymbe.

Ageratum *mexicanum.* — Sc. 40.— Annuel.— Massif.— Terre substantielle.— Bonne exposition.— En juin, fleurs d'un bleu pâle lilacé, réunies en bouquets.

Anagalis à grande fleur. — Sc. 30. — Trisannuelle.— Bordure.— Terre légère.— Bonne exposition.— En juillet, fleurs roses. (On peut semer aussi en septembre sous châssis, pour fleurir en mars.)

Auricule, *Oreille d'ours.*— Sc. 15.—Vivace, odorante.—Rocaille. — Bordure. — Terre consistante, franche et légère (semis en terre légère).— Exposition mi-ombragée et au nord. — 2me année, en avril, fleurs variées en couleurs.

Balisier, *Canna.* — Sc. 75 à 200. — Massif ; vivace. — Terre douce, chaude, substantielle. — 2me année, en juin, fleurs écarlates ou jaunes : feuilles très-ornementales.

Balsamine double.— **B.** *camellia.*— Sc. 50.— Annuelle.—Bordure. — Terre humide. — Bonne exposition.— En mai, fleurs variées en couleurs.

Basilic *fin vert.* — **B.** *violet.* — **B.** *à feuille de laitue.* — Sc. 30. —Bordure ; odorante —Terre substantielle et fraiche.—Exposition chaude. — En juin , feuilles odorantes.

Bignonia. — Arbrisseau. — Grimpant. — Multiplication par bouture, marcoite ou drageon. — Tout terrain. — Exposition chaude.— En juin, fleur rouge orangé.

Brachycome *iberidifolia.*— Sc. 35.— Annuelle.— Bordure.— Terre légère. — Bien exposée. — En juillet, fleurs bleues tachées de blanc.

Capucines.- Toutes les variétés peuvent se semer sous châssis, pour fleurir en mai. (Voir culture et variété au mois de mars.)

Caracole— Sc. 250.— Vivace ; grimpante, serre.— Exposition au midi. — 2me année, en juin , fleurs d'un blanc rosé, contournées en spirale.

Carthame des teinturiers. — Sp. 70. — Annuel. —Massif. — Tout terrain.— Exposition chaude. — En août, fleurs jaune safran.

Chorozema *à feuille de houx.* — Sc. 50. — Vivace. — Serre. — Arbuste. — Repiquer en pot. — Terre de bruyère. — Fleurs en grappes, jaune lavée de rouge.

Chrysanthème de la Chine, *à grandes fleurs.* — **C.** *à petites fleurs.*—Sc. 100.— Vivace.— Massif, rustique.—Tout terrain. — Croissant à l'ombre.—2me année, en septembre, fleurs variées en couleurs.

Cinéraire maritime. — Sc. 60. — Vivace. — Massif. — Tout terrain. — Exposition abritée. — 2me année, en juillet, fleurs jaunes.

Clitoria *ternatea*. — Sc. — Serre. — Sous arbrisseau. (Repiquer en pot). — Fleurs grandes, bleues, blanches et rouges.

Cobée *scandens*. — Sc. 800. — Repiquer en pot. — Annuelle (vivace en serre). — Grimpante. — Terre franche, légère. — Exposition chaude. — En été, très-belles fleurs violettes.

Collomia *coccinea*. — Sp. 25. — Annuelle —Bordure. — Toute terre. — Toute exposition. — En juin, fleurs rouge cocciné.

Coloquinte (*petites courges de diverses formes*). — Sc. 400. — Annuelle. — Grimpante. — Terre humide. — Bonne exposition. -- En juin, fruit d'ornement.

Concombre serpent. — Sc. — Annuel. — Rampant. — Terre humide. — Bonne exposition. — En juillet, fruit d'ornement.

Conoclinium *japonicum*. — Sc. 100. — Vivace. — Serre. — Repiquer en pot. — Terre mêlée de terre de bruyère et de terre franche sableuse. — En été, fleurs en grappes corymbiformes, d'un bleu violacé.

Coquelicot double.— Sp. 50. — Massif.— Annuelle.— Toute terre.—Bonne exposition.—En juin, fleurs variées en couleurs.

Cosmos *bipinné* — Semer sous châssis pour repiquer en mars en plein air. — Floraison en mai-juin. (Culture du mois de mars.)

Courge *pèlerine*.— **C**. *bouteille* — **C**. *massue*.— **C**. *plate de Corse*. — **C**. *poire à poudre*.— Sc. 300.— Annuelle.—Grimpante. — Terre humide.— Bonne exposition.-- En juillet, fruit d'ornement.

Cupidone. — On sème sous châssis pour repiquer en place en mars. (Culture du mois de mars.)

Dahlia double. — Sc. 75 à 150. — Vivace. — Massif. — Terre humide, substantielle. — Bonne exposition. — En juillet, fleurs de toutes les nuances.

Daubentonia *tripetiana*. — Sc. — Vivace. — Arbrisseau rameux. - Repiquer en pot. — Fleurs longues, grappes coccinées et en dard, taché jaune.

Dioclea *glyanoïdes*. — Sc. — Grimpant. — Serre. — Arbrisseau. — Fleurs rouges, ou rose carminé.

Gaillarde. — Sc. 40. — Vivace. — Massif. — Terre légère,

2

sèche. — Toute exposition. — En juin, fleurs jaune orange et pourpre.

Geranium *zonale*. — Sc. 50. — Vivace. — Massif. — Croissant à l'ombre. — Serre. — Terre douce, légère. — 2me année, en mai, fleurs rose vif.

Glaciale (*ficoïde cristalline*). — Sc. 20. — Annuelle. — Serre. — Pour roche factice, ornement des jardinières et des suspensions. — Terre meuble, légère. — Exposition chaude. — En juin, feuilles ornementales, fleurs d'un blanc argenté.

Giroflée *quarantaine, feuilles cendrées.* — **G.** *quarantaine, feuilles vertes et lisses.* — Sc. 30. — Repiquer en pot ou en pépinière, pour transplanter en place. — Annuelle. — Odorante ; rustique. — Terre franche, amendée. — Bonne exposition. — En juin, fleurs variées en couleurs.

Gloxinia. — Sc. — Serre. — Sous arbrisseau. — En été, fleurs terminales d'un bleu lilacé.

Habrotamnus *elegans.* — Sc. — Serre. — Très-beaux arbrisseaux. — En été, fleurs rouges, disposées en cymes paniculées.

Julienne-de-Mahon. — Sp. 25. — Annuelle. — Rustique, odorante. — Bordure, rocaille. — Toute terre. — Toute exposition. — En mai, fleurs lilas, violettes, blanches ou rouges.

Kaulfussia *ameloïdes.* — Sc. 20. — Annuelle. — Massif ou bordure. — Terre franche, légère. — Bonne exposition. — En juin, fleurs bleu d'azur.

Lantana *camara*. — Sc. 125. — Arbrisseau. — Repiquer en pot. — Vivace. — Serre. — Massif. — Terre franche, légère. — En juillet, fleurs blanches, jaunes ou rouges.

Lotier, Saint-Jacques. — Sc. 65. — Repiquer en pot. — Annuelle (vivace en serre). — Massif. — Terre légère. — Exposée au midi. — En juillet, fleurs marron.

Martynia *formosa.* — Sc. 45. — Annuel. — Odorant. — Massif. — Terre légère et fumée. — Exposition chaude. — En juillet, fleurs d'un rouge purpurin.

Maurandia de Barclay. — Sc. 300. — Annuelle (vivace en serre). — Grimpante. — Terre légère, substantielle. — Bonne exposition. — En juin, fleurs bleues ou rouges.

M. à fleur de muflier. — Même culture.

Mimule à grandes fleurs. — Sc. 30. — Vivace ; rocaille. — Croissant à l'ombre. — Terre légère, humide. — En mai, fleurs jaunes pointées de brun.

Nycterinia *selagenoïdes.* — Sc. 20. — Annuelle. — Odorante ; bordure. — Terre légère. — Exposition au soleil. — En juin, fleurs roses en touffes.

Pavot double. — Sp. 100. — Annuel.— Massif.— Toute terre. — Toute exposition.— En juin, fleurs variées en couleurs.

Pelargonium. — Sc. 50. —Vivace. — Serre.— Massif.—Bonne terre. — Exposition au soleil ou mi-ombre. — 2me année, en avril, fleurs variées en couleurs.

Penstemon. — Sc. 75. — Vivace. — Massif. — Terre franche. — Toute exposition. — En juillet, fleurs carmin et pourpre.

Pervenche de Madagascar.—(Serre.)— Sc. 30. — Repiquer en pot. — Vivace. — Terre franche, substantielle. — Bonne exposition. — En juin, fleurs blanches ou roses.

Pois de senteur. — Sp. 120.— Annuel.— Odorant ; grimpant, rustique.— Tout terrain.—Toute exposition.— En juin, fleurs violettes, roses ou blanches.

Pourpier à grandes fleurs, *portulaca.* — Sc. 15.—Annuel.— Bordure.—Terre légère, sablonneuse.—Exposition au midi.— En juillet, jolies fleurs rouges, blanches, jaunes ou panachées.

Pyrethrum roseum double. — Sc. 55. — Vivace ; rustique, bordure. —Toute terre. — Croissant à l'ombre. — En juin, fleur rose foncé à disque jaune.

Reine-Marguerite *pivoine.* — Sc. 50. — **RM.** *imbriquée pompon.* — Sc. 50.— **RM.** *à rameaux étalés.* — Sc. 50.— **RM.** *chinoise.* — Sc. 90. — **RM.** *pyramidale.* — Sc. 60.— **RM.** *naine à bouquet.* — Sc. 20. — **RM.** *empereur géante.* — Sc. 75. — **RM.** *couronnée.* — Sc. 50. — **RM.** *à aiguille.* — Sc. 40. — **RM.** *anémone.* — Sc. 40. — **RM.** *à fleur de renoncule.* — Sc. 70. — **RM.** *à fleur de chrysanthème naine.* — Sc. 30. — Bordure ou massif. — Annuelle. — Terre labourée et ameublie. — Bonne exposition. — En juillet, fleurs variées en couleurs. —Pour avoir des fleurs bien doubles, on doit repiquer deux ou trois fois.

Saponaire de Calabre.— Sp. 20. —Annuelle. — Bordure. — Toute terre, de préférence sol terreauté. — Bonne exposition. — En mai, fleurs rose vif.

Séneçon double des Indes. — Sc. 50. — Bisannuel. — Bordure. — Terre légère et meuble. — Bonne exposition. — En juin, fleurs violettes, blanches ou pourpres.

Sensitive, *Mimosa.* — Sc. 60. — Repiquer en pot. — Annuelle (vivace en serre). — Massif. — Terre de bruyère ou terreau. — Exposition au midi. — En août, feuilles ornementales.

Solanum *dulcamara*, *Morelle douce amère.* — Sc. 200. — Vivace, ligneux. grimpant, rocaille. — Toute terre. — Bonne exposition. — 2me année, en été, fleurs violettes.

Sparmannia *Africana.* — Sc. — Arbrisseau. — Serre. — La 3me année, au printemps, fleurs très-nombreuses, blanches.

Thumbergia *elata.* — Sc. 130. — Annuel (vivace en serre). — Grimpant. — En juillet, fleur jaune orange avec tache brune. (On peut semer en mars.)

Tournefortia, *faux Héliotrope.* — Sc. 35. — Annuel ou vivace; massif, rocaille. — Toute terre. — Bonne exposition. — En juillet, fleurs bleues, blanc jaunâtre.

MARS

TRAVAUX DE CE MOIS

On peut continuer la coupe de bois et la taille de la vigne et du pêcher.

Les nombreux semis et plantations qu'on a à faire dans ce mois demandent une grande activité dans le travail.

Avant la pousse des asperges, on prépare la terre de chaque planche; on vérifie les semis d'asperge, pendant les deux mois qui précèdent, pour donner tous les soins qu'exige cette culture.

On peut dégarnir jusqu'au niveau du sol tous les plants d'artichauts qui ont été buttés, et on enlève tous les œilletons inutiles.

Dans ce mois, on peut faire des bordures dans le potager autour de chaque planche ou dans les allées, en y plantant de l'oseille, du thym, d'échalottes, de ciboulette, d'estragon, ainsi que les semis qui peuvent se mettre en bordure.

On travaille toutes les planches qui ont été repiquées en automne et en hiver. Par un temps sec, on arrose copieusement, et de préférence dans la matinée.

Il faut empêcher aux bestiaux l'entrée des prés, qui doivent être fauchés.

On s'occupe toujours de la plantation des plantes vertes.

On fait provision de fumier nécessaire aux couches.

On doit préparer les couches et les châssis, pour repiquer en place les plants de tomates, melons et cantaloups.

Par un bon fumier neuf, avec le moyen des réchauds, on donne aux couches le degré nécessaire de chaleur.

On taille ou l'on pince les plants de melons cultivés sous châssis, au fur et à mesure de leur végétation, pour faire nouer les fruits, et l'on continue à enlever les branches inutiles.

Les artichauts qui sont en pépinière depuis l'automne peuvent se mettre en place

La taille des arbres fruitiers étant faite, pendant ce mois on n'a qu'à s'occuper de la croissance des bourgeons, afin qu'ils prennent la direction que l'on désire donner à l'arbre; détruire les bourgeons inutiles ou mal placés (voir le traité spécial des arbres fruitiers), au moyen d'incisions, vers l'œil des bourgeons en retard; on force la sève à se porter plus abondamment aux bourgeons moins vigoureux.

On plante les pommes de terre, les griffes d'asperge et les topinambours; on repique les choux, laitues rondes et longues, chicorées frisées, etc.

S'il survient des gelées, on doit mettre un paillis sur les semis, afin que les froids n'empêchent pas la semence de pousser.

Les serres à légumes sont très-peu usitées dans le Midi; cependant nous sommes obligé de l'indiquer pour ceux qui pourraient en posséder. (Voir, dans notre *Manuel*, la manière de les construire et leur utilité.) C'est dans le mois de décembre, janvier et février, que les serres sont bien garnies de légumes.

On met sur couche les semis de melons, piments, tomates, aubergines, fraisiers; on plante sur couche les patates, ignames, etc.

Quand on refait les réchauds de melons sur couches, on doit bien fermer le châssis pour que la vapeur du fumier de cheval ne rentre pas dans les coffres et n'atteigne pas les plantes de melon, ce qui pourrait par la suite les faire périr.

On transplante sur couche les tomates, afin d'avoir des primeurs.

Ce mois est favorable pour greffer en fente, en écusson, à œil repoussant et en couronne. — On continue la plantation des arbres à fruits.

Après avoir planté les amandiers, on doit pincer l'extrémité de la principale tige, afin de donner plus de force à l'arbre et pour qu'il se garnisse en branches latérales.

On peut faire des boutures d'arbres, qui se multiplient par ce moyen.

On sème très-épais, par planche, les pépins de tous les arbres fruitiers.

On palisse les pêchers et les abricotiers.

On taille ou l'on pince les plants de melon cultivés sous châssis, au fur et à mesure de leur végétation.

On doit vérifier les haies, les bois et les pépinières, pour planter en jeunes plants les arbres manquants.

On doit s'occuper des poules, des canards et des oies, qui demandent à couver.

SEMIS DE POTAGER

Ail ordinaire (gousses). —A. rose. —A. rouge, Rocambole.

Même culture que celle du mois de février.

Alkekenge jaune douce (coqueret).

On sème sous châssis en terre ordinaire; en avril, on repique les plants en pleine terre à distance de 15 cent. — On récolte en septembre.

Angélique *officinale*. — Vivace.

On confit au sucre les tiges, les côtes ou pétioles; on les mange aussi crues ou cuites comme légumes.

On sème sous châssis. — Cette plante demande une terre substantielle, fraîche et humide.— On doit recouvrir très-peu le semis avec du terreau. — Arroser peu et souvent. — On les replante à demeure à 60 cent., en tous sens. — On coupe les tiges en été.

Arroche blonde (belle-dame-blé).—A. rouge.—A. très-rouge.

On sème en plein air, en place, par rayons ou à la volée. — Tout terrain lui convient. — On récolte en mai.

Artichaut vert de Provence. — A. rouge ou violet. — A. gros camus de Bretagne. — A. vert de Laon.

Se sème sous châssis ou en plein air, dans de petits pots (trois grains par pots). — En avril, on repique en plein air, dans une terre bien fumée, à distance de 60 cent. — On récolte la troisième année en août.

Asperge de Hollande. — A. violette d'Ulm. — A. d'Argenteuil (griffes et graines).

Semis. — On sème en plein air, clair, à la volée ou mieux en rayons espacés de 25 cent., dans une terre légère, douce et sablonneuse.—On enterre la graine à 10 cent. — On doit arroser, sarcler et biner.

Plantation (même culture que celle du mois de janvier).

Aubergine violette longue et ronde.

Semis en plein air ou sous châssis (même culture que celle du mois d'avril).— On récolte en juillet-août.

Baselle grimpante.

Haute de 2 mètres. — On mange les feuilles en guise d'épinard pendant l'été.— On sème sous châssis pour repiquer lorsqu'on n'a plus à craindre des gelées, en pleine terre contre un mur treillagé et au midi. — On cueille en août.

Basilic. — Les variétés.

Plantes aromatiques. On emploie les feuilles comme assaisonnement. (Voir la culture au semis de fleurs.)

Betterave rouge grosse. — B. rouge et jaune de Castelnaudary. — B. écorce ou crapaudine. — B. ronde de Passano, ou turneps. — B. jaune, globe.

On sème en plein air, en place, à la volée ou en rayons, en terre légère, bien ameublie par un labour profond. — Eclaircir les semis à 25 cent.—On sème aussi en pépinière pour repiquer les plants lorsqu'ils ont atteint la grosseur d'un doigt. — On sarcle et l'on bine de temps à autre. — On récolte en août.

Bourrache officinale. — Annuelle.

On se sert de ses jolies fleurs bleues, mêlées avec les fleurs de capucine, pour orner les salades.
On sème clair en place.

Capucine grande. — Annuelle, en pleine terre.

Les fleurs de capucine servent à orner les salades; les graines encore vertes peuvent se confire au vinaigre —On sème en plein air, en place. — Toute terre. — Bonne exposition. — Floraison en juillet.

Cardon de Tours. épineux. — C. d'Espagne, non épineux. — C. inerme. — C. puvis.

On sème en plein air.—On doit distancer de 60 centimètres en mettant trois graines par trou.—Arrosages fréquents.—Le terrain doit être bien fumé et bien travaillé. — On récolte en octobre.

Carotte rouge demi-longue. pointue. — C. rouge courte, grosse. — C. rouge très-courte, hâtive, de Hollande. — C. pâle de Flandres, longue.— C. rouge longue.— C. jaune longue. — C. jaune et rouge d'Achicourt.

On sème en plein air, très-clair, en place et à la volée, par planches et vaseaux, ou bien par rayons en lignes espacées de 20 centimètres.— Demande une terre fraîche, légère et douce.— Faire de profonds labours; point d'engrais récent. —On récolte les courtes et demi-longues en juin, les longues en octobre.

Céleri plein blanc. — C. court hâtif. — C. rave.

On sème en plein air, dans un carré préparé d'avance. — Une fois que les plants ont atteint 15 centimètres, on repique à 50 centimètres, en rayons espacés de 75 centimètres, à une bonne exposition. — Beaucoup d'engrais. — On récolte en septembre.

Céleri à couper, petit ou creux. — C. nain frisé.

Ses feuilles s'emploient comme fourniture de salade. — On sème en plein air, en place, en terre légère. — On récolte en juin.

Cerfeuil commun. — C. frisé.

Semis en plein air (même culture que celle du mois de janvier). — On récolte en avril.

Champignon (blanc de).

Culture en cave. — On se procure une certaine quantité de fumier neuf de cheval, qu'on laisse en tas quinze jours. Une fois que la fermentation est faite, on forme, dans une cave obscure, une meule de 1 m. 20 cent. de largeur sur 50 cent. de hauteur. On met le fumier par lit, que l'on égalise et que l'on piétine en diminuant la largeur pour que la meule fasse le dos d'âne, de 10 cent. de largeur au sommet. Enlever les pailles longues qui dépassent. Cinq jours après, on fait avec la main des trous de 10 cent. de profondeur espacés de 35 cent. ; on met une petite poignée de blanc de champignon dans chaque trou, que l'on recouvre avec le fumier déplacé, que l'on appuie bien dessus avec la main. Une fois que l'on apercevra quelques filaments blanchâtres, on jettera sur toute la meule 3 cent. de terre légère et maigre. Tenir toujours la meule légèrement humide. — Quarante jours après on peut récolter des champignons.

Chenille. — Annuelle.

On s'en sert pour surprise dans les fournitures de salade. — On sème en plein air, en place à distance de 25 centimètres, en terre légère. — On récolte en juin.

Chervis. — Vivace.

Sa racine pivotante, charnue, très-sucrée, longue de 20 centimètres, se mange comme les salsifis. — Se sème en plein air, en place, en terre douce, fraîche et profonde. — Bassiner, biner, sarcler et arroser fréquemment.

La multiplication par pieds éclatés est préférable. — En novembre on fait la récolte des racines.

Chicorée frisée d'Italie. — C. très-frisée mousse.

Semis en plein air (même culture que celle du mois de février). — On récolte en mai-juin.

Chicorée amère à couper. — C. toujours blanche.

Même culture que celle du mois de janvier.

Chou marin ou cambé maritime.

Cette plante vivace fournit chaque année en avril des feuilles et des tiges très-tendres et d'excellente qualité (ne produit que la deuxième année de semis). — Même culture que celle du mois de février.

Chou pommé ou cabus de St-Denis. — C. quintal. — C. de

Hollande, pied court. — C. de Schweinfurth. — C. rouge gros et petit.

Chou de Milan frisé, gros, des vertus — C. frisé court hâtif d'Ulm. — C. frisé doré.

Chou à jets de Bruxelles.

Chou-fleur tendre hâtif. — C. fleur demi-dur de salon et de Malte. — C. brocolis violet.

Les semis de tous les choux se font en plein air (même culture que celle du mois de février). — On récolte en juillet-août.

Ciboule. — Vivace.

Même culture que celle du mois de janvier.

Ciboulette (plants). — Civette. — Appétit.

Même culture que celle du mois de février.

Claytone perfoliée.

Semis en plein air (même culture que celle du mois de février).

Cochléaria *officinal.* — Vivace

On mange les feuilles radicales en salade. Il s'emploie le plus souvent en médecine. — On sème en plein air, en place. — On récolte en avril.

Concombre long jaune. — C. long blanc. — C. long vert. — C. court vert hâtif, pour cornichon. — C. serpent, pour cornichon. — C. petit très-hâtif de Russie, pour cornichon.

Semis sous châssis (même culture que celle du mois de février). — On récolte en juin.

Courge musquet de Marseille. — C. gros potiron vert, jaune ou blanc. — C. potiron d'Espagne. — C. giraumon, bonnet turc. — C. pâtisson, bonnet de prêtre. — C. des Patagons. — C. pleine de Naples. — C. sucrière du Brésil. — C. coucouzelle d'Italie. — C. aubergine blanche. — C. courgeron de Genève. — C. à la moelle.

Semis sous châssis (même culture que celle du mois de février). — On récolte en août-septembre.

Cresson de terre ou des jardins.

Semis en plein air (même culture que celle du mois de février).

Cresson alénois commun. — C. frisé. — C. doré. — C. à larges feuilles.

On sème en plein air, en place, par planches ou par bordures, dans tous les terrains et à toutes les expositions. — On cueille en avril.

Échalotte (gousse). — Vivace.

Même culture que celle du mois de janvier.

Épinard commun. — E. d'Angleterre. — E. de Hollande. — E. d'Esquermes.

Semis en plein air (même culture que celle du mois de février). — On cueille en mai.

Estragon (plants).

Cette plante herbacée se multiplie en divisant les pieds des fortes touffes.—On plante à 40 cent. de distance, en bordure, dans un terrain bien labouré. — On récolte en mai-juin.

Fève de marais. — F. de Windsor, tardive.— F. julienne très-précoce. — F. longue cosse (caroubière). — F. violette. — F. verte. — F. naine hâtive.

Semis en plein air (même culture que celle du mois de janvier). —, On récolte en juin.

Fraisier (graines et plants).

Semis. — On sème dans un bon terreau, en terrine recouverte d'une vitre pour faciliter la levée.—Repiquer en pépinières lorsque les plants sont bien développés. — En septembre, on les transplante en planches ou en bordures à 15 cent. de distance en terre douce, chaude, substantielle, légère et franche. — Ne mettre que des engrais bien consommés. — Arrosements légers mais fréquents.

Plantation. — On plante le fraisier dans des vaseaux de 1^m,15 sur trois rangées, en les distançant de 15 cent. — Détruire les coulants.

Le fraisier des quatre saisons se plante en bordures ou en planches, ou sous les arbres, à 15 cent. de distance.

On multiplie les fraisiers par coulants ou par éclats. — On doit bien bêcher le terrain avant le repiquage.

Gombo blanc et violet.

Semis sous châssis ou en plein air. — On transplante à 65 cent. de distance. en terre légère bien fumée. — Arrosements fréquents l'été. — On récolte en septembre.

Haricot nain hâtif de Hollande. — H. nain flageolet de Laon. — H. noir de Belgique.— H. jaune du Canada. —H. quarantain du pays.

On sème en plein air, en place, en terre légère, douce et fraiche, par touffes, en mettant cinq à six grains par trou. — Dans une terre forte, argileuse et compacte, on sème en ligne avec beaucoup d'engrais, grain à grain, à 6 cent. de distance et à 30 cent. par ligne. — Couvrir très-peu le semis. — On récolte en juin.

Laitue pommée d'été de Versailles. — L. de Malte. — L. blonde d'été. — L. Batavia blonde. —L. chou de Naples. —L. turque.—L. grosse brune paresseuse. — L. brune hol-

landaise, palatine. — L. gotte ou gau. — L. dauphine. —
L. gotte, lente à monter.

Laitue romaine blonde. L. romaine monstrueuse.

Laitue chicorée. — L. épinard.

On sème les laitues ronde et longue en plein air, dans un carré préparé d'avance pour repiquer les plants en place (une fois qu'ils ont
obtenu cinq feuilles) à 35 cent. de distance, dans une terre franche,
légère, substantielle. — Arrosements fréquents. — On récolte en juin.
On sème les laitues à couper en plein air, en place, à la volée (sans
repiquer), en planches, en rayons ou en bordures. Elles demandent
des engrais et des arrosements. — On récolte en avril.

Lentille grosse blonde. — L. petite verte, annuelle, haute de
40 cent.

On sème en plein air, en place, par touffes ou par rayons. — Terre
sèche et sablonneuse. — On récolte en juillet.

Marjolaine (plants et graines).— Vivace, tige rameuse, haute
de 50 cent. Ses feuilles, d'une odeur aromatique, s'emploient
comme assaisonnement.

On sème en plein air (recouvrir très-peu la graine) dans une terre
douce ; dès que les plants sont d'une force convenable, on les repique en
place (cette plante peut se multiplier par éclat). — On cueille en août.

Melon (culture pour primeur). — M. ananas (de poche) —
M. chito.— M. cantaloup. Prescott gros et petit.—M. C. noir
des Carmes. — M. C. orange grimpant.

Les variétés tardives du mois d'avril peuvent se semer dans ce mois
sous vitre, pour repiquer ensuite en plein air à la belle saison.
On sème sous châssis, dans de petits pots (trois graines ensemble).
En avril on transplante les plus vigoureuses en plein air, en place
(lorsqu'on n'a plus à craindre des gelées), en rayons espacés de 1 m.
10 cent. sur une bonne fumure ou terreau. — Sarclages et arrosages.
— Demande une terre calcaire, bêchée profondément. — On récolte en
juillet-août.

Moutarde blanche et noire.

Ses jeunes feuilles s'emploient à la fourniture de salade, et l'on se
sert de sa graine triturée comme assaisonnement ou comme remède.
— On sème en plein air, en place. — Demande une terre profonde et
fraîche. — On récolte en mai.

Navet blanc plat hâtif. — N. rouge plat hâtif. — N. turneps
(rave). — N. long blanc des vertus. — N. jaune de Finlande. — N. noir hâtif.

Même culture que celle du mois de février.

Oignon blanc hâtif de Nocera.

Semis en plein air (même culture que celle du mois de février). — On cueille en juin.

Oseille large de Belleville. — O. patience.

Semis en plein air (même culture que celle du mois de février). — On récolte en mai.

Oxalis *crenata* (tubercules). — Vivace.

Ce tubercule s'emploie accommodé autour de la viande; ses feuilles peuvent remplacer l'oseille et servir comme fourniture de salade.— On plante dans une terre douce, légère et bien amendée — Distancer les plants à 1 mètre et ne mettre qu'un seul rang sur une planche de 1^m,25 de longueur. — On peut aussi planter en bordure. — Une fois que les feuilles sont sèches, on peut récolter les tubercules en octobre.

Panais rond et long. — Bisannuel.

On mange les racines comme celles de la carotte.
Semer clair en place, à la volée, par planches ou par rayons (on distance les lignes et les rangs à 30 cent.), dans une terre fraîche, légère, douce, profonde, et fumée de l'année précédente. — Couvrir la graine de 10 cent. de terre. — Détruire les mauvaises herbes.

Pastèque (melon d'eau). — P. muscade. — P. de Chine.

On sème en plein air, en place, en rayons espacés de 1^m,25 en mettant trois graines par trou, que l'on remplit de fumier ou terreau.— Sarclages et arrosages fréquents. — Le terrain doit être bien défoncé. (Pour avoir des fruits en juillet, on fait le semis sous châssis et on le repique en avril en plein air, en place). — On récolte en août.

Perce-pierre. — Passe-pierre. — Fenouil marin. — Plante vivace, tige longue de 40 cent , traînante, rameuse.

Ses feuilles, confites au vinaigre, entrent dans les salades et les assaisonnements; on l'emploie aussi dans les assortiments de quelques liqueurs. — On sème en plein air, en place, en terre légère et humide, au pied d'un mur exposé au midi — On la multiplie aussi par éclat en novembre. — On peut récolter en juillet.

Persil ordinaire. — P. nain très-frisé. — P. à grosse racine. — P. gros de Naples.

Même culture que celle du mois de janvier. — On cueille en mai.

Piment ou poivron rond. — P. carré doux gros d'Espagne. — P. long de Cayenne. — P. tomate. — P. enragé. — P. cerise.

Semis sous châssis (même semis que celui du mois de février).— On récolte en septembre.

Pimprenelle des jardins. — Vivace. — Fourniture de salade.

On sème en plein air, en place ou en bordure. — Tout terrain. — Toute exposition. — On cueille en juillet.

Pissenlit, Dent de lion. — Annuel.

On sème en plein air, en place.—Pour obtenir de plus belles plantes, plus tendres, on doit semer en pépinière pour repiquer à une grosseur convenable, dans une terre amendée. — En automne, on la couvre de bon sable gras. — On récolte l'année suivante en mars-avril.

Pitridie cultivée. — Annuelle. — Fourniture de salade.

On peut la couper trois fois. — On la sème en plein air, en place, en rayons, dans toute terre.— Bonne exposition. — On cueille en mai.

Poireau long. — P. gros court de Rouen. — P. court du Midi.

Semis en plein air (même culture que celle du mois de février). — On récolte en juillet.

Poirée à carde blanche, rouge, jaune, frisée. — P. petite blonde ou bette.

Même culture que celle du mois de février.

Pois à écosser très-nain Bretagne. — P. Nain hâtif de Hollande. — P. bishop ou évêque, nain. — P. nain ridé. — P. nain gros vert. — P. nain Anglais. — P. nain l'évêque.

Pois à écosser mi-rames, bishop à longue cosse. — P. Michaux de Hollande.—P. prince Albert. — P. Early-Daniel O'Rourk.

Pois à écosser à rames, ordinaire, Michaux ou de Paris.

Pois à écosser à grande rames d'Auvergne ou serpette. — P. clamard tardif. — P. gros vert normand. — P. ridé ou de Knight.

Pois sans parchemin ou mange-tout, corne-de-bélier à rames.— P. mange-tout mi-rames. — P. à fleurs rouges à rames. — P. mange-tout très-nain.

Les semis de tous les pois se font en plein air, en place, par touffes ou par rayons espacés de 30 centimètres pour les nains, de 50 cent. pour les mi-rames et de 60 cent. pour ceux à grandes rames, sur une plate-bande, exposés au midi. — Demandent une terre saine et légère, avec des engrais consommés. — Dans les terres fortes, de simples amendements suffisent. — Couvrir très-peu les semis. — On récolte les pois hâtifs en juin, les mi-tardifs en juillet, les tardifs en août.

Pois-chiche ou pointue. —Annuel ; tige haute de 30 cent.

On sème en plein air, en place, dans tout terrain et en plein champ. — On récolte en juin.

Pomme de terre (tubercules) quarantaine de Valence. — P. T. truffe d'août. — P. T. chave. — P. T. marjolaine très-hâtive. — P. T. jaune de Hollande. — P. T. rouge de Hollande.

Même culture que celle du mois de février.

Pourpier vert et doré. — Annuel. — Fourniture de salade.

On sème en plein air, très-clair, en place et sur la surface du sol, dans une terre légère et bien divisée. (Pour avoir une belle et bonne salade on le sème dans un terrain riche en engrais, avec quelques binages et quelques arrosements. — On récolte en juin.

Radis rond rose hâtif. — R. rond blanc. — R. gris d'été. — R. jaune d'été. — R. violet. — R. demi-long écarlate. — R. demi-long à bout blanc. — R. blanc d'Augsbourg. — R. long écarlate (rave). — R. long blanc tortillé du Mans (rave longue).

Même culture que celle du mois de février.

Ray-fort champêtre ou sauvage. — Vivace.

Se sème en plein air, clair, à la volée, en place. — Demande une terre bien labourée et bien fumée. — On récolte en juillet.

Rhubarbe. — Vivace.

Même culture que celle du mois de février.

Roquette. — Annuelle. — Fourniture de salade.

On sème très-clair, en place, par planches ou par rayons. — Sarcler, éclaircir et arroser. — On récolte en juillet.

Salsifis blanc.

Même culture que celle du mois de février.

Sariette. — Vivace. — On se sert des feuilles comme assaisonnement.

On sème en plein air, en place. — Répandre la graine sur le sol sans la couvrir. — On s'en sert comme le thym pour aromatiser les mets.

Sauge *officinale.* — Vivace. tige haute de 60 cent. Les feuilles servent pour aromatiser les mets.

Même culture que celle du mois de février.

Souchet comestible (tubercules). — Annuel.

Les tubercules se mangent rôtis ; on en fait aussi une espèce d'orgeat. — On les plante à 5 cent. de profondeur, espacés de 30 cent. — Dans chaque trou, on y loge trois tubercules, qu'on fait auparavant gonfler dans l'eau. — Biner, sarcler et arroser. — La récolte a lieu en août.

Scorsonère ou salsifis noir.

Semis en plein air (même culture que celle du mois de février). — Se récolte en octobre.

Tomate grosse rouge (pomme d'amour). — T. rouge naine hâtive. — T. jaune grosse.— T. poire et cerise. — T. à tige raide (gros fruit rouge).

Même culture que celle du mois de janvier.

Tétragone (épinard d'été).

Même culture que celle du mois de janvier.

SEMIS DE FLEURS

Abronia umbellata. — Sc. 150. — Annuelle (vivace en serre). — Grimpante ou massif; odorante, rustique.— Terre sablonneuse, légère. — Bonne exposition. — En juillet, fleurs roses lilacées.

Acacia farnesiana, *cassie*. — Sc. 350. — Odorante.— Arbuste ligneux. — Serre ; vivace. — Terre franche, légère. — Exposition chaude. — 3me année, en avril, fleurs jaunes trèsodorantes.

Acanthe, *sans épine*. — St. 80. — Vivace ; massif.— Croissant à l'ombre. — Terre franche et profonde. — La 2me année, en juillet, fleurs blanc rosé, feuilles ornementales.

Aconit napel. — St. 110. — Vivace ; massif. — Terre douce, pierreuse et sèche. — Croissant à l'ombre. — 2me année, en juillet, fleurs bleues.

Acroclinium roseum. — St. 35. — Annuel ; bordure ou massif. — Graminée ornementale. — Terre saine, légère. — Exposition chaude et aérée.— En juin, fleurs en panicule terminale, d'un joli rose satiné, avec disque d'un jaune d'or. (On peut semer aussi en septembre, pour repiquer en pot, sous châssis.)

Adonide d'été.— Sp. 30.— Annuelle ; bordure.— Terre légère. — Toute exposition. — En juillet, fleurs rouge vif, noirâtre au centre.

Ageratum *mexicanum*. — Sc. 40. — Annuel ; massif. — Terre substantielle. — Bonne exposition.— En juillet, fleurs bleues, pâles, lilacées ; réunit en bouquets.

Agrostis elegans, *graminée*. — Sp. 25. — Annuelle ; bordure — Toute terre. — Bonne exposition. — En juin, fleurs en panicule déliée.

Alonzoa incisa. — Sc. 40. — Vivace. — Serre. — Repiquer

en pot sous châssis. — En juillet, fleurs en grappes, taches d'un rouge vermillon clair.

Alysse, *Corbeille-d'or.* — St. 20. — Vivace ; rocaille. — Bordure. — Terre sèche, pierreuse. — Toute exposition.—2me année, en avril, fleurs jaune d'or.

Amaranthe sanguine. — St. 90. — Annuelle ; massif, rustique. — Terre légère et riche en humus. — Exposition chaude. — Arrosage fréquent. — En juillet, feuilles rouge sanguin, fleurs pourpres.

Amaranthe, *Crête-de-coq (Passe-velours).*—St. 50.—Annuelle ; bordure.—Terre franche, légère. — Exposition chaude.— En juillet, fleurs jaunes, rouges, violettes.

A. *gigantesque.* — St. 200. — Annuelle ; massif. — Terre franche, légère. — Exposition chaude. — En juillet, fleurs en longues grappes cramoisies.

A. *Queue-de-Renard.* — St. 80. — Annuelle ; massif. — Terre humide. — Bonne exposition. — En juillet, fleurs jaunes ou rouges.

A. *tricolore.* — St. 100. — Annuelle ; massif. — Terre riche, humide. — Bonne exposition.

A. *mélancolique.* — St. 100. — Annuelle ; massif. — Terre humide. — Bonne exposition. — Feuille d'un rouge vif.

Ancolie double des jardins (*aquilegia*). — St. 90. — Vivace, rustique ; massif. — Croissant à l'ombre. — Terre substantielle.— 2me année, en mai, fleurs pendantes rouges, blanches ou panachées.

Anthemis d'Arabie.—Sp. 60. — Annuel ; odorant, bordure. — Terre légère, au midi.—En juillet, fleurs jaune orangé.

Argémone à grandes fleurs. — St. 100. — Annuelle ; rustique, massif. — Toute terre. — Toute exposition. — En juin, fleurs blanc pur.

Aristoloche. — St. — Vivace. grimpante. — Croissant à l'ombre. — Terre fraîche. — Toute exposition. — En été, fleurs longuement pédonculées, jaunes et noirâtres.

Aster des Alpes. — St. 20. — Vivace, rocailles ; bordure. — Sol léger, profond. substantiel et frais. — En juin, fleurs bleues ou blanches.

Aubergine blanche ou rouge. — Sc. 50. — Annuelle. — Terre fumée et fraîche.— Bonne exposition. — En août, fruit d'ornement ayant la forme d'un œuf de poule.

Auricule, *Oreille-d'ours*. — Sc. (en pot) 15. — Vivace, odorante ; rocaille. — Terre consistante, franche, légère et saine (semis en terre légère).— Exposition mi-ombragée et au nord. — 2ᵐᵉ année, en avril, fleurs variées en couleurs.

Balisier, *Canna*. — Sc. 75 à 200. — Vivace, massif. —Terre douce, chaude, substantielle —Arrosements fréquents l'été.— 2ᵐᵉ année, en juin, fleurs écarlates ou jaunes, feuilles très-ornementales.

Balsamine *double*.— B. *camelia*. St. 50. — Annuelle ; bordure. — Terre humide. — Bonne exposition. — En juin, fleurs variées en couleurs.

Barthonia *doré*. — Sp. 50. — Annuelle ; massif. — Terre légère. — Exposition au midi.— Craint l'humidité et le vent. — En juillet, fleur grande, d'un jaune d'or et jaune orange.

Basilic *fin vert*. — B. *violet*. — B. *à feuille de laitue*. — Sc. 30. — Annuel ; bordure, odorant. — Terre substantielle et fraiche.— Exposition chaude.—En juin, feuilles odorantes.

Belle-de-Jour. — Sp 35. — Annuelle ; bordure. — Terre légère, bien fumée. — Bonne exposition. — En mai, fleurs tricolores.

Belle-de-Nuit, *hybride*. — B. *à longues fleurs (odorante)* — Sp. 70. — Vivace ; massif. —Terre légère et substantielle. — Croissant à l'ombre. — En juillet, fleurs en bouquets, variées en couleurs.

Bénoite *écarlate*. — St. 45. — Vivace, bordure. — Tout terrain. — Exposition chaude. — 2ᵐᵉ année, en juin, fleurs d'un rouge vif.

Bouquet-parfait, *OEillet-de-poète*. — St. 40. — Trisannuel ; bordure. — Terre légère, fraiche. — Toute exposition. — 2ᵐᵉ année, en mai, fleurs disposées en bouquets, variées en couleurs.

Bouwalia *elata*. — St 55. — Annuelle (vivace en serre) ; massif. — Terre légère ou terreau. — Bonne exposition. — En juillet, fleurs disposées en cyme, d'un bleu intense, un peu blanchâtre.

Brachycome *iberidifolia*.—Sc. 35. — Annuelle ; bordure. — Terre légère. — Bien exposée. — En juillet, fleurs bleues tachées de blanc.

Cacalie *écarlate*. — Sp. 40. — Annuelle ; bordure. — Terre légère. — Exposition chaude. — En juillet, fleurs rouge vif.

3

Campanule *pyramidale*. — St. 140. — Bisannuelle ; rustique, rocaille. — Terre franche, légère, mi-soleil. — En août, fleurs bleues ou blanches, disposées en grappes.

Capucine *grande*. — Sp. 175. — Grimpante. — Fleurs jaune orange. — C. *brune d'Alger*. — Sp. 200. — Grimpante. — Fleur rouge brun. — C. *panachée*. — Sp. 175. — Grimpante. — C. *naine écarlate*. — Sp. 30. — Bordure. — C. *Tom-Pouce jaune*. — Sp. 40. — Bordure. — C. *lobbianum hybride*. — Sp. 400. — Grimpante. — Fleurs rouge sang, orange, pourpre ou jaune soufre. — Les capucines sont annuelles, en plein air et vivaces en serre. — Terre ordinaire. — Bonne exposition. — Floraison en juin.

Caracole. — Sc. 250. — Vivace, grimpante ; serre. — Exposition au midi. — 2me année, en juin, fleurs d'un blanc rosé, contournées en spirale.

Carthame *des teinturiers*. — Sp. 70. — Annuel.; massif. — Tout terrain. — Exposition chaude. — En août, fleurs d'un jaune safran.

Célosie *à épi rose*. — St. 60. — Annuelle ; massif. — Terre humide. — Bonne exposition. — En juin, fleurs rose violacé.

Centaurée, *Barbeau, Bleuet*. — Sp. 40. — Annuelle ; massif. — Tout terrain.—Toute exposition.—En juin, fleurs jaunes, blanches ou violettes.

Chrysanthème *des jardins*. — St. 90. — Annuel (vivace en serre). — Tout terrain. — Bonne exposition. — 2me année, en septembre, fleur jaune ou blanche.

C. *à carène*. — St. 50. — Annuel. — En juin, fleurs tricolores ou blanches.

C. *des Indes, grandes fleurs*. — C. *à petites fleurs*. — Sc. 100. — Vivace, rustique ; massif. — Tout terrain. — Croissant à l'ombre. — 2me année, en septembre, fleurs variées en couleurs.

Cinéraire *maritime*. — Sc. 60. — Vivace ; massif. — Toute terre. — Exposition abritée. — En juillet, fleurs jaunes.

Clarkia *pulchella*. — C. *à fleur double*. — Sp. 40. — Annuel ; massif. — Tout terrain. — Exposition au midi. — En juillet, fleurs nombreuses roses, à pétales en croix.

Cobée *scandens*. — Sc. 800. — Repiquer en pot. — Annuelle (vivace en serre), grimpante. — Terre franche, légère. — Exposition chaude. — En été, très-belles fleurs violettes.

Collinsia *bicolor*. — Sp. 25. — Annuel ; bordure. — Terre légère et fertile. — Toute exposition. — En mai, fleurs lilas et blanc.

Collomia *coccinéa*. — Sp. 30. — Annuelle; bordure. — Toute terre. — Toute exposition. — En juin, fleurs rouges, coccinées.

Coloquinte, *petites courges de diverses formes*. — Sc. 400. — Annuelle; grimpante. — Terre humide. — Bonne exposition. — En juin, fruits d'ornement.

Concombre *serpent*. — Sc. — Annuel, rampant. — Terre humide. — Bonne exposition. — En juillet, fruits d'ornement et d'utilité.

Concombre, *arada* — Sc. — Annuel; grimpant. — Terre humide. — Bonne exposition. — En juillet, fruit d'ornement.

Coquelicot *double*. — Sp. 50. — Annuel; massif. — Toute terre. — Bonne exposition. — En juin, fleurs variées en couleurs.

Coquelourde, *Rose-du-ciel*. — St. 50. — Annuelle; bordure. — Terre légère. — Bonne exposition. — En juin, fleurs pourpre ou rose tendre.

Coreopsis *elegans*. — St. 75. — Massif. — C. *de Drummond*. — St. 60. — C. *couronné*. — St. 40. — Bordure. — Annuel. — Terre ordinaire, fraîche. — Bonne exposition. — En juillet, fleurs jaunes tachées de brun.

Cosmos *bipinné*. — Sp. 130. — Annuel; massif. — Terre légère. — Bonne exposition. — En juin, fleurs rouges violacées ou roses, feuillage élégant.

Courge *bouteille*. — C. *pèlerine*. — C. *plate de Corse*. — C. *massue*. — C. *poire à poudre*. — Sp. 300. — Annuelle. grimpante. — Terre humide. — Bonne exposition. — En juillet, fruit d'ornement.

Crepis. — Sp. 25. — Annuel; bordure. — Tout terrain. — Toute exposition. — En juin, fleurs blanches, roses ou jaunes.

Croix-de-Jérusalem, *Lychnis*. — St. 50. — Vivace; massif. — Terre franche, légère, fraîche. — Bonne exposition. — En juin, fleurs rouges écarlates ou blanches.

Cupidone. — St. 100. — Vivace; massif. — Terre légère. — Exposition chaude. — En juillet, fleurs bleu de ciel ou blanches.

Cynoglosse *à feuilles de lin*, *Argentine*. — Sp. 30. — Annuelle; bordure. — Tout terrain. — Bonne exposition. — En juillet, fleurs en panicules blanches.

Dahlia *double*. — St. 75 à 150. — Vivace; massif. — Terre humide, substantielle. — Bonne exposition. — En juillet, fleurs de toutes les nuances.

Datura *fastuosa*, *double*. — St. 90. — Annuel; massif. — Terre légère. — Exposition chaude. — En août, fleurs doubles en cornet, blanc violâtre ou blanches.

Delphinium *hybride*.— Sc. 60. — Vivace ; massif, rustique. — Terre légère et fraîche.— Bonne exposition.— 2me année en juillet, fleurs bleues ou violettes.

Digitale.— St. 110.—Vivace ; massif. — Terre légère, sèche. — Exposition chaude. — 2me année, en juin, fleurs pourpres ou blanches.

Dolique *d'Egypte*, *ligneux*. — Sp. 300. — Annuel ; grimpant. — Toute terre.— Exposition chaude.— En septembre, fleurs violettes ou blanches.

Dracocéphale *de Moldavie*. — Sp. 55. — Annuel ; odorant ; massif. — Bonne terre. — Bonne exposition. — En juillet, fleurs bleues, pâles ou blanches.

Énothère *de Drummond*. — St. 60. — Annuelle ou bisannuelle ; massif ; odorante. — Toute terre. — Bonne exposition. — En juillet, fleurs d'un jaune paille (variété naine de 35 centimètres.

Épervière.— St. 30.— Vivace ; bordure, traçante, rocaille.— Terre substantielle, saine et fraîche. — Croissant à l'ombre. — 2me année, en juin, fleurs jaune orange.

Eryssimum *de Petrowski*. — Sp. 50. — Annuel ; massif, odorant. — Bonne terre de jardin. — Exposition aérée. — En août, fleurs disposées en grappes, d'un jaune safrané.

Escholtzia *Californica*. — Sp. 40. — Bisannuelle ; massif.— Terre ordinaire. — Exposition au soleil. — En juin, fleurs d'un jaune pur ou blanches.

Euphorbe.— Sp. 60.— Annuel ; massif. — Terre sèche et légère. — Exposition chaude. — En juillet, feuilles ornementales, panachées.

Ficoïde *tricolor* — Sc. massif et suspension. — Annuelle ; bordure. — Terre légère. — Exposition au soleil. — L'année suivante, en juin, fleurs blanc et rose. (On peut aussi semer en août, pour repiquer en pot sous châssis.)

Fraxinelle. — St. 60.—Vivace.— Bordure, odorante (semis en terre de bruyère). — Terre légère, fraîche. — Bonne exposition. — 2me année, en juillet, fleurs pédicellées rouges ou blanches. (On peut semer aussi de juillet en septembre, en pot, sous châssis).

Gaillarde *à feuilles lancéolées.* — St. 40. — Vivace ; massif. — Terre légère, sèche. — Toute exposition. — En juin, fleurs d'un jaune orange et pourpre.

Gaura *Lindeimeri.* — Sp. 150. — Vivace ; massif. — Exposition chaude. — Terre perméable. — En juillet, fleurs blanches, rouges, carminées.

Gentiane *à fleurs jaunes (semis en terre de bruyère).* — Sc. 130. — Vivace ; aquatique. — Terre sableuse, fraîche. — Croissant à l'ombre. — 2me année, en juillet, fleurs jaunes.

G. *à grandes fleurs.* — Sc. 10 cent. — Fleurs bleues (bordure).

Gilia *tricolor.* — Sp. 40. — Annuel ; bordure. — Tout terrain. — Toute exposition. — En juillet, fleurs disposées en bouquets, jaune et brun.

Giroflée *quarantaine, feuille cendrée.* — St. 30. — Annuelle. — G. *quarantaine, feuille verte et lisse.* — St. 30. — Annuelle. — G. *à grandes fleurs.* — St. 30. — Annuelle. — G. *naine, lilliputienne.* — St. 20. — Annuelle. — G. *naine à bouquet.* — St. 20. — Annuelle. — G. *d'automne.* — St. 35. — Annuelle. Culture. — Odorante ; bordure. — Terre franche, amendée. — Bonne exposition. — En juillet, fleurs variées en couleurs.

Giroflée *jaune ou Violier* (ravenelle). — G. *jaune à fleurs violettes.* — G. *jaune à fleurs brunes.* — G. *jaunes à fleurs doubles.* — St. 50. — Culture. — Vivace ; rustique , bordure , rocaille. — Tout terrain. — Toute exposition. — 2me année, en avril, fleurs violettes, jaune-brun ou brunes.

Glaciale (*ficoïde cristalline*). — Sc. 20. — Annuelle ; serre. — Pour roche factice, ornement des jardinières et des suspensions. — Terre meuble, légère. — Exposition chaude. — En juin, feuilles ornementales, fleurs d'un blanc argenté.

Godetia *rubiconda.* — Sp. 75. — Annuel ; massif. — Terre ordinaire. — Exposition chaude. — En juin , fleurs roses et pourpre clair.

Gypsophila *elegans.* — Sp. 50. — Annuelle ; massif. — Terre ordinaire. — Bonne exposition. — En juillet, fleurs nombreuses, petites, disposées en panicules blanches et violettes.

Haricot *d'Espagne.* — Sp. 400. — Grimpant. — Terre douce , légère et fraîche. — Bonne exposition. — En juin, fleurs rouges, blanches ou tricolores.

Héliotrope. — Sc. 80. — Repiquer en pot.—Vivace.—Serre ; odorante ; massif. — Terre franche, légère. — Exposition au midi. — En juillet, fleurs bleuâtres ou lilas.

Hugelia *coeruleus.* — St. 80. — Annuelle ; massif. — Terre légère et fraîche. — Bonne exposition. — En juillet, fleurs bleu de ciel ; réunit en ombelles.

Immortelle *globuleuse.* — St. 50. —Annuelle ; bordure.—Terre légère. — Exposition chaude. — En juin , fleurs rouge violet, blanches ou jaunes.

I. *à [bractée jaune.* — St. 110. — Annuelle ou bisannuelle. — En juin, fleurs jaune doré.

I. *à grandes fleurs.* — St. 60. — Annuelle ; massif. — Terre ordinaire. —Bonne exposition. — En juin, fleurs roses.

Ipomée *quamoclit.* — Sc. 125. — Annuelle. — En juin fleurs écarlates. — I. *Nil, Michaux.* — Sp. 500. — Annuelle. — En juin, fleurs bleues. — I. *limbata.* — Sp. 300. — Annuelle. — En août, fleurs d'un violet foncé ou blanches. — I. *à grandes fleurs (bona-nox).* — Sp. 300. — Vivace. — En juillet, fleurs blanches ou bleues. — I. *à feuilles de lierre.*— Annuelle. —Sp. 250. — En juillet, fleur d'un bleu azuré et blanchâtre. — I. *écarlate.* Sp. 350. — Annuelle. — En juillet, fleur rouge cocciné à odeur agréable. — Terre légère, substantielle — Exposition au midi. — Grimpante.

Ipomopsis *elegans.* — St. 150. — Bisannuel ; massif. — Terre légère — Bonne exposition. — En juillet, fleurs rouges en grappes.

Julienne *de Mahon.* —Sp. 25. — Annuelle ; rocaille, rustique, odorante , bordure. — Toute terre. — Toute exposition. — En mai, fleurs lilas, violettes, blanches ou rouges.

Kennedya *marryatœ.* — Sc. — Rustique. — Serre. —Ligneuse , grimpante. — Terreau de feuilles , mélangé de terre franche silicieuse. — Fleurs en grappes, rouges ou violacées.

Ketmie *d'Afrique.* — Sp. 50. — Annuelle ; massif. — Terre douce. — Exposition ombragée. — En juillet, fleurs d'un blanc jaunâtre et brunes.

Lantana *camara.* — Sc. — En terrine(arbrisseau). — Repiquer en pot. — Vivace. — Serre. — Massif. — Terre franche, légère.—Arrosements fréquents pendant l'été.—En août, fleurs blanches, jaunes ou rouges.

Larmes-de-Job. — Sp. — Annuelle. (Les graines peuvent servir à faire des chapelets et des colliers.) — Sol léger et arrosé. — Exposition chaude. — Fleurs en épis fasciculés et pédonculés, quoiques groupées. (On peut aussi semer en avril-mai.)

Lavatère *à grandes fleurs*. — St. 100. — Annuelle; massif. — Terre substantielle, fraîche. — Toute exposition. — En juillet, fleurs roses ou blanches.

Lin *vivace*. — St. 55. — Massif. — Terre ordinaire. — Bonne exposition. — En juillet, fleurs d'un bleu céleste.

Linaire *à fleurs d'orchis*. — Sp. 30. — Annuelle; massif. — Toute terre de jardin. — Bonne exposition. — En juin, fleurs en épi, pourpre, violacée.

Loasa *orangé*. — Sc. 300. — Grimpante. — Annuel (vivace en serre). — Terre meuble sèche. — Bonne exposition. — En août, fleur solitaire d'un rouge brique, mélangé de jaune et de pourpre.

Lobelia *ramosa*. — Sc. 30. — Annuelle; bordure, rocaille. — Terre franche, légère et fraîche. — Exposition chaude. — En juin, fleurs bleu intense.

Lotier-Saint-Jacques. — Sc. 65. — Repiquer en pot. — Annuel (vivace en serre); massif. — Terre légère. — Exposition au midi. — En juillet, fleurs marron.

Lupin *de Cruikshank*. — Sp. 125. — Annuel; odorant, massif. — Toute terre. — Bonne exposition. — En juillet, fleurs jaunâtre rosé.

L. *jaune odorant*. — Sp. 60. — Annuel; massif. — Toute terre. — Bonne exposition. — En juillet, fleurs jaunes.

L. *nain*. — Sp. 25. — Annuel; bordure et massif. — Toute terre. — Bonne exposition. — En juillet, fleurs blanc pointillé de bleu clair et jaune orange.

Lysimaque *nummulaire* (*Herbe-aux-écus*). — Vivace. — Multiplication par éclat. — Rampante. — Ornement de rocaille et de suspensions. — Terrain frais et en pente, argileux et substantiel. — En juin, fleurs d'un jaune doré.

Malope *à grandes fleurs*. — Sp. 100. — Annuelle; massif. — Terre ordinaire. — Toute exposition. — En juin, fleurs roses violacées ou blanches.

Mandevillea *suaveolens*. — Sc. — Vivace, grimpante. — Serre. — Odorante. (Repiquer en pot.) — Fleurs blanches.

Martynia *formosa*. — St. 45. — Annuel; odorant, massif. — Terre légère et fumée, exposition chaude. — En juillet, fleurs rouge purpurin.

Matricaire *double*. — St. 60. — Vivace, massif. — Terre légère — Exposition au soleil. — En juin, fleurs blanches.

Maurandia *de Barclay*.— Sc. 300.— Annuelle (vivace en serre); grimpante. — Terre légère, substantielle — Bonne exposition. — En juin, fleurs bleues ou rouges.

M. *à fleurs de muflier*. — Même culture.

Mauve *d'Alger*.— Sp. 130.— Annuelle; massif — Terre légèrement argileuse. — Bonne exposition. — En juillet, fleurs blanches striées de violet.

Melilot *bleu*. — Sp. 40.— Annuel; massif, odorant. — Toute terre. — Toute exposition. — En juillet, fleurs bleuâtres. (On peut semer en avril.)

Mimule *à grandes fleurs*.— Sc. 30.— Vivace, rocaille.— Croissant à l'ombre — Terre légère, humide. — En juin, fleurs jaunes pointées de brun.

Momordiqua *balsamina* (*Pomme merveille*). — Sc. 125. — Annuelle; grimpante.— Terre humide.— Exposition chaude. — En juillet, fruit d'ornement.

M. *à feuilles de vigne*. — Même culture.

Muflier (*Gueule-de-loup*).— St. 70. — Vivace, rustique, rocaille, massif. — Tout terrain. — Croissant à l'ombre. — En août. fleurs rouges, blanches ou panachées.

Myosotis (*Souvenez-vous-de-moi*).— Sp. 20. — Vivace, rocaille, bordure. — Terre humide. — Toute exposition. — En juillet, fleurs bleu céleste.

Nigelle (*Patte-d'araignée*).— Sp. 40. — Annuelle; bordure. — Terre légère et chaude. — Toute exposition. — En juillet, fleurs bleues.

Nemophile. — Sp. 20. — Annuelle; bordure. — Terre ordinaire. — Toute exposition. — En mai, fleurs bleues, blanches ou maculées.

Nycterinia *selegenoïdes*. — St. 20.— Annuelle; odorante, bordure.— Terre légère.— Exposition au soleil.— En juin, fleurs roses en touffes.

Œillet *de Chine, double*. — St. 30. — Bisannuelle; bordure. — Terre franche, légère.— Bonne exposition.— En juillet, fleurs variées en couleurs.

Œ. *d'Inde grand.* — Œ. *nain (Passe-velours).* — St. 30 à 60. — Annuel ; massif. — Terre humide. — Exposition chaude. — En juillet, fleurs jaune vif ou jaune pourpre.

Œ. *de Gardner.* — St. 45. — Bisannuel ; rustique , massif. — Terre ordinaire.—Bonne exposition.—En juillet, fleurs rose, pourpre ou blanc rosé.

Pâquerette *simple des champs.* — P. *double des jardins.* — St. 10. — Vivace , bordure. — Terre franche, légère, fraîche. — Croissant à l'ombre. — 2me année, en mars, fleurs variées en couleurs.

Passe-rose, *rose trémière.* — Réussit aussi dans les sols très-secs, mais la floraison est moins belle. — St. 250. — Vivace, rustique ; massif. — Terre franche , légère , profonde , substantielle.— Exposition au midi.— 2me année, en juillet. fleurs variées en couleurs.

Passiflora (*Passion*). — St. 1500. — Vivace, grimpante. — Terre légère. — Bonne exposition. — 3me année, en été . fleurs blanc bleuâtre.

Pavot *double.* — Sp. 100. — Annuel ; massif. — Toute terre. — Toute exposition. — En juin, fleurs variées en couleurs.

Pensée *anglaise.* — P. *ordinaire.* — St. 15.—Vivace, bordure. — Terre substantielle et fraîche. —Bonne exposition. — En été , fleurs abondantes , mais plus petites que par les semis d'août et septembre , variées en couleurs.

Petunia *hybride.* — St. 70.— Annuel (vivace en serre) ; bordure. — Terre meuble et légère. — Bonne exposition. — En août , fleurs variées en couleurs.

P. *odorant.*— St. 75.— Bisannuel ; bordure, rustique, rocaille. — Toute terre. — Toute exposition. — En juin , fleurs violettes ou blanches.

Pelargonium. — Sc. 50. — Vivace ; serre, massif. — Bonne terre. — Exposition au soleil ou mi-ombre. — 2me année, en avril, fleurs variées en couleurs.

Penstemon. — Sc. 75. — Vivace, massif. — Terre franche. — Toute exposition. — En juillet, fleurs carmin et pourpre.

Persicaire *du Levant.* — Sp. 200. — Annuelle ; massif ; aquatique. — Terre substantielle et fraîche. — Toute exposition. — En juillet, fleurs roses, rouges ou blanches.

Pervenche *de Madagascar.* — (Serre). — Sc. 30. — Repiquer en pot. — Vivace. —Terre franche , substantielle. — Bonne exposition. — En juin , fleurs blanches ou roses.

Phacelia *bipinnatifida*. — Sp. 50. — Annuel ; bordure et massif. — Terre ordinaire. — Toute exposition. — En juillet, fleurs bleues.

Phlox *decussata*. — St. 60. — Vivace, massif. — Terre ordinaire. — Bonne exposition. — 2me année, en juillet, fleurs variées en couleurs.

P. *Drummond*. — Sp. 40. — Annuelle ; bordure.— Terre légère meuble. — Toute exposition. — En juin, fleurs variées en couleurs.

Pied-d'Alouette, *nain*. — Sp. 40.—P.-d'A. *grand*.—Sp. 100. — Annuel ; bordure. — Terre ordinaire. — Toute exposition. — En juin, fleurs en pyramide variées en couleurs.

Plumbago *de lady* — Vivace ; traçante. — Tout terrain. — Exposition au midi. — Ornement des plates-bandes, talus. — Rocailles ; bordure. —Multiplication par la division des touffes ou par fragments de ses rhizomes. — En septembre, fleur d'un beau bleu et violet rouge.

Pois *de senteur*. — Sp. 120. — Annuel ; odorant, grimpant, rustique. — Tout terrain. — Toute exposition. — En juin, fleurs violettes, roses ou blanches.

Pourpier *à grandes fleurs*, *portulaca*. — Sc. 15. — Annuel ; bordure.— Terre légère, sablonneuse.—Exposition au midi. — En juillet, fleurs rouges, blanches, jaunes ou panachées.

Primevère *des jardins*. — Sc. 15. — Vivace, bordure. — Terre franche, légère, fraîche. — Croissant à l'ombre. — L'année suivante, en mars, fleurs variées en couleurs.

Pyrethrum *roseum, double*. — Sc. 55. — Vivace, rustique, bordure. — Croissant à l'ombre. — Toute terre.— En juin, fleurs rose foncé à disque jaune

Reine-Marguerite *pivoine*. — St. 50. — R.-M. *imbriquée pompon*. — St. 50. — R.-M. *imbriquée à rameaux étalés*. — St. 50. — R.-M. *chinoise*. — St. 90. — R.-M. *pyramidale*. — Sc. 60. — R.-M. *naine à bouquet*. — St. 20. — R.-M. *empereur géante*. — St. 75.— R.-M. *couronnée*.— St. 50. — R.-M. *à aiguille*. — St. 40. — R.-M. *anémone*. — St. 40. R.-M. *à fleurs de renoncule*. — St 70. — R.-M. *à fleur de chrysanthème naine*. —St. 30. — Culture.—Annuelle ; bordure ou massif.— Terre labourée et ameublie.—Bonne exposition. —En juillet, fleurs variées en couleurs. (Pour avoir des fleurs bien doubles, on repique deux ou trois fois.)

Réséda *odorant.*— R. *à grandes fleurs.*—Sp. 30. — Bordure ; annuelle (vivace en serre).— Toute terre. — Bonne exposition.— En mai, fleurs verdâtres.

Rudbekia *amplexicaule.* — St. 75. — Massif; vivace. — Eu juin, fleur jaune tachée de rouge éclatant.

Sainfoin *d'Espagne.* — St. 100. — Vivace , odorant ; massif. —Terre légère, saine et profonde au midi (réussit aussi dans les sols secs).— En août, fleurs d'un rouge purpurin ou blanches.

Salpiglossis *hybride.* —Sp. 70. — Annuel ; massif. — Terre légère. — Exposition chaude. — En juin , fleurs à fond blanchâtre, stries de différentes couleurs.

Scabieuse *des jardins.* — Sp. 65. — Bisannuelle; massif. — Terre meuble. — Exposition chaude. — En septembre, fleurs pourpres, roses ou panachées.

Séneçon *double, des Indes.* — St. 50. — Bisannuel ; bordure. — Terre légère et meuble.— Bonne exposition.— En juillet, fleurs violettes, pourpres ou blanches.

Sensitive (*mimosa*). — Sc. 60.— Repiquer en pot.—Annuelle (vivace en serre); massif. — Terre de bruyère ou terreau. — Exposition au midi.— En août, feuilles ornementales.

Silène *pendant.* — Sp. 30. — Annuelle et bisannuelle ; bordure. —Terre légère — Exposition chaude.— En juillet, fleur d'un rose tendre.

S. *d'Orient.* — St. 60. — Bisannuelle ; bordure. — Craint l'humidité.— Terre très-saine, bien drainée. — Demande le grand air et le plein soleil. — En juillet, fleurs rose tendre en très-gros bouquet.

Solanum *dulcamara* (*Morelle douce - amère*). — Sc. 200. — Vivace , ligneuse , grimpante ; rocaille. — Toute terre. — Toute exposition. — 2me année, en été, fleurs violettes

Souci *double à la reine.* — St. 50. — Annuelle; rustique, massif.— Toute terre. — Toute exposition. — En août, fleurs abondantes d'un jaune clair tachées de teinte brunâtre.

Saponaire *de Calabre.* — Sp. 20. — Annuelle ; bordure. — Toute terre (de préférence sol terreauté). — Bonne exposition. — En mai, fleurs rose vif.

Tagetes *patula* (*œillet d'Inde petit*).— St. 60. — Annuel ; bordure. — Toute terre.— Toute exposition.— En juillet, fleurs jaune brun. (On peut semer en avril.)

Tagetes (*rose d'Inde double*). — St. 90. — Annuel ; massif. — Toute terre. — Exposition chaude. — En juillet, fleur jaune orange.

Thlaspi *odorant*. — T. *violet foncé nain*. — Sp. 30. — Annuel ; bordure. — Tout terrain. — Toute exposition. — En juillet, fleurs violettes ou blanches.

Tournefortia (*faux Héliotrope*). — Sc. 35. — Annuel ou vivace; massif, rocaille. — Toute terre. — Bonne exposition. — En juillet, fleurs bleues, blanc jaunâtre.

Véronique *à épis*. — St. 30. — Vivace ; massif. — Terre légère, substantielle. — Toute exposition. — 2me année, en mai, fleurs bleues.

Verveine *hybride des jardins*. — Sc. 30. — Annuelle (vivace en serre) ; bordure. — En juin, fleurs variées en couleurs. — V. *d'Italie*. — Sc. 30. — Annuelle (vivace en serre); bordure. — En août, fleurs variées en couleurs. — V. *de Miquelon*. — Sc. 30. — Annuelle ; bordure. — En août, fleurs rose foncé amaranthe. — V. *venosa* (à feuilles rugueuses). — Sc. 35. — Annuelle ; bordure. — En août, fleurs violet bleuâtre. — V. *pulcherrima* (élégant). — Sc. 40. Annuelle ; bordure. — En août, fleurs violettes. (Les Verveines viennent en terre ordinaire et demandent une exposition chaude.)

Violette *des quatre saisons*. — Sc. 15. — Vivace, odorante ; bordure. — Croissant à l'ombre. — Terre douce et humide. — L'année suivante, en mars, fleurs simples, violettes.

Viscaria *oculata*. — Sp. 40. — Annuel ; bordure, massif. — Terre ordinaire. — Exposition au midi. — En mai, fleurs rose à centre pourpre.

Volubilis ou *Liseron* (*Ipomée ordinaire*). — Sp. 250. — Annuel ; grimpant. — Tout terrain. — Toute exposition. — En juillet, fleurs variées en couleur.

Whillaria *grandiflora*. — Sc. 40. — Bordure ou massif. — Terrain sain, léger et substantiel. — Exposition chaude. — En juin, fleurs campanulées d'un violet bleu. (On peut semer en septembre.)

Zinnia *élégant simple*. — Z. *double*. — St. 70. — Z. *du Mexique simple*. — St. 40. — Annuel ; massif. — Croissant à l'ombre. — Terre ordinaire et fraîche. — En juin, fleurs variées en couleurs.

AVRIL

TRAVAUX DE CE MOIS

Pendant ce mois, on peut faucher les luzernes, les seigles et les trèfles.

On peut faire en pleine terre, outre les semis indiqués pendant ce mois, le repiquage de toutes les plantes potagères qui ont été semées sous châssis pendant l'hiver.

N'ayant plus à craindre de grands froids, on sème et l'on plante presque toutes les plantes potagères.

On doit se presser à déchausser les pieds d'artichaut, puis bêcher à 15 cent autour des plantes, et ôter les rejets inutiles et nuisibles à la plante d'artichaut.

Au fur et à mesure que les artichauts sont en état d'être cueillis, on ne doit pas négliger de les récolter.

Si le temps le permet, on bêche les carrés qui sont destinés pour faire les semis ou plantations.

On plante les plants d'artichaut.

Par la promptitude que certaines plantes mettent à venir dans ce mois, tels que : épinard, radis, cerfeuil, pois, laitue, etc., on ne doit pas perdre de vue de faire de nouveau semis avant que les autres soient complétement finis.

Quand le temps est sec, on ne doit pas oublier d'arroser (le matin de préférence) toutes les planches de potager.

Les plantations en place et en pépinière doivent se terminer dans le courant de ce mois.

Pendant ce mois, on fait le pincement des pêchers en espalier ; surveiller le développement des jeunes tiges, et donner aux tiges qui ne seraient pas à leur place une forme nécessaire à la position et à l'équilibre de l'arbre.

Si, au mois de mars, on a eu la précaution de conserver en terre, à l'ombre et dans un lieu frais, des rameaux d'arbres, on peut alors greffer en couronne, en flûte et à l'écusson.

Les marcottes d'arbustes se font à cette époque.

On peut continuer la taille du pêcher, à palisser et à pincer les arbres.

On doit surveiller tous les arbres greffés depuis l'automne, afin de les ébourgeonner, pour donner plus de vigueur à la partie greffée.

On doit surveiller tous les semis du mois de mars et donner tous les soins nécessáires à leur développement; on doit donc sarcler, biner et arroser. L'arrosement par engrais liquide est un excellent moyen pour activer la végétation et obtenir de beaux produits.

On tond les haies, les buis et les gazons.

Toutes les racines conservées pendant l'hiver pour porter graines peuvent se mettre en place pendant ce mois.

Autant que possible détruire les chenilles que l'on rencontre dans le jardin.

On peut faire sur couche les haricots hâtifs nains, semer des melons, choux-fleurs, aubergines, tomates, etc.

Ce mois est convenable pour faire des boutures de sauge, de romarin, de thym, de lavande et de violette.

SEMIS DE POTAGER

Alkekenge jaune douce (coqueret).

Même culture que celle du mois de mars.

Arroche blonde (belle-dame ou blé). — A. rouge. — A. très-rouge.

Même culture que celle du mois de mars.

Artichaut vert de Provence. — A. rouge ou violet. — A. gros camus de Bretagne.— A. vert de Laon.

Même culture que celle du mois de mars.

Asperge de Hollande.— A. violette d'Ulm. — A. d'Argenteuil (griffes et graines).

Même culture que celle du mois de mars.

Aubergine violette, longue et ronde.

On sème en place en mettant trois graines par trou, que l'on distance de 60 cent. — On récolte la troisieme année en août. — Pour avoir la variété bien franche, on devra les multiplier par œilletons, que l'on détache des anciens pieds.

Basilic. — Les variétés. (Plantes aromatiques.)

On emploie les feuilles comme assaisonnement. (Voir la culture aux semis de fleurs.)

Baselle grimpante, haute de 2 mètres.

On mange ses feuilles en guise d'épinard, pendant l'été. — On sème dans un carré bien préparé; puis on repique contre un mur treillagé et au midi. — On cueille en août.

Bourrache *officinale*. — Annuelle.

On se sert de ses jolies fleurs bleues mêlées avec celles de capucine pour orner les salades.— On sème clair, en place. — La floraison a lieu en août.

Betterave rouge grosse. — B. rouge et jaune de Castelnaudary. — B. écorce ou crapaudine. — B. ronde de Passano, ou turneps. — B. jaune, globe.

Même culture que celle du mois de mars. — On récolte en août.

Capucine grimpante.

Ses fleurs servent à orner les salades. — Les graines encore vertes peuvent se confire au vinaigre et s'employer en assaisonnement comme les câpres (même culture que celle du mois de mars).

Cardon de Tours, épineux.— C. inerme. — C. de Puvis.

Même culture que celle du mois de mars. — On récolte en novembre.

Carotte rouge, demi-longue, pointue. — C. rouge, courte grosse. — C. très-courte hâtive, de Hollande. (C. toupie.) — C. d'Altringham, longue.— C. pâle de Flandres, longue. — C. rouge longue. — C. jaune longue. — C. jaune et rouge d'Achicourt.

Même culture que celle du mois de mars.

Céleri à couper, petit ou creux. —C. nain frisé.

On sème clair en place, dans tout terrain. — On récolte en juin.

Céleri plein blanc. — C. court hâtif. — C. rave.

Même culture que celle du mois de mars.

Cerfeuil commun. — C. frisé.

Même culture que celle du mois de janvier. — On récolte en mai.

Champignon cultivé (blanc de).

Culture en cave (même culture que celle du mois de mars).

Chenille grande et petite. — Annuelle.

On s'en sert comme surprise dans les fournitures de salade.—On sème en place à distance de 25 cent., en terre légère. — On récolte en juillet.

Chervis. — Vivace.

Sa racine pivotante, charnue, est sucrée, longue de 20 cent. — Se mange comme les salsifis.

Même culture que celle du mois de mars. — En novembre on fait la récolte des racines.

Chicorée frisée d'Italie.— C. frisée de Meaux. —C. très-frisée, mousse.

Même culture que celle du mois de mars. — On récolte en juillet.

Chicorée amère à couper. — C. toujours blanche.

Même culture que celle du mois de mars.— On récolte en avril-mai.

Chou pommé ou cabus de St-Denis. — C. quintal. — C. de Hollande, à pied court.—C. de Schweinfurth.—C. rouge, gros et petit.

On récolte en juillet.

Chou de Milan, frisé, gros des vertus. — C. frisé court, hâtif d'Ulm. — C. frisé, doré.

On récolte le gros frisé en septembre, le petit d'Ulm en juillet.

Chou à jets de Bruxelles.

On récolte en octobre.

Chou-fleur tendre hâtif. — C. fleur demi-dur de salon. — C. fleur demi-dur de Malte. — C. brocolis violet.

Le demi-dur se récolte en novembre-décembre ; le tendre hâtif se récolte en septembre. — Demande une terre de première qualité et humide. — Le brocolis violet se récolte en février. — Le demi-dur se récolte en novembre (même culture que celle du mois de février).

Chou marin ou Crambé maritime.

Même culture que celle du mois de mars.

Ciboule. — Vivace.

Même culture que celle du mois de février. — Production en juillet.

Claytone perfoliée.

Plante annuelle, haute de 35 cent. — On sème très-clair en place, par rayons à une bonne exposition, terre douce, terreautée.—On l'emploie comme l'oseille et l'épinard, ou pour fourniture de salade.— On cueille en juin.

Concombre long jaune, blanc et vert. — C. court vert hâtif, pour cornichon. — C. serpent, pour cornichon. — C. petit très-hâtif de Russie, pour cornichon.

On sème en place, en pleine terre, à une bonne exposition dans des trous remplis de fumier et recouverts de 25 cent. de terreau. — Arrosements fréquents ; demande terre douce. — On récolte en juillet

Corne-de-cerf (plantain). Annuelle.

Ses feuilles s'emploient comme fourniture de salade. — On sème en place, en terre légère (même culture que celle du mois de mars). — On récolte en juin.

Courge musquée de Marseille. — C. gros potiron vert, jaune ou blanc. — C. potiron d'Espagne. — C. giraumon, bonnet turc. — C. pâtisson, bonnet de prêtre. — C. des Patagons. — C. pleine de Naples. — C. sucrière du Brésil. — C. coucouzelle d'Italie. — C. aubergine blanche. — C. courgeron de Genève. — C. à la moelle.

On sème en place, dans une terre saine et bien amendée. — Faire des trous de 50 cent. de profondeur à 1m,50 de distance (les courges non coureuses ne se mettent qu'à 1 mètre) —Remplir de fumier et recouvrir de terreau pour y semer trois graines ensemble; le couvrir ensuite d'un bon paillis.— Biner et arroser fréquemment. — On récolte en octobre.

Cresson alénois commun. — C. frisé. — C. à larges feuilles.

On sème en place, par planches ou par bordures, dans tous les terrains et à toutes les expositions. — On cueille en avril-mai.

Cresson de fontaine ou de rivière.

On sème en place sur les bords des eaux courantes (on peut le repiquer sur les rocailles toujours humides).— On récolte en août.

Cresson de terre ou des jardins. — Vivace, ressemblant à celui de fontaine.

On sème clair, en place et en ligne, dans une terre fraiche, légère et humide.

Epinard commun. — E. d'Angleterre. — E. de Hollande. — E. de Flandre. — E. d'Esquermes.

On sème en place, à la volée, par planches. — Demande une terre largement fumée et bien ameublie. — On cueille en juin.

Estragon (touffes).

Cette plante herbacée se multiplie en divisant les pieds des fortes touffes — On plante. à 40 cent. de distance, en bordure, dans un terrain bien labouré. — On récolte en mai-juin.

Fraisier (graines et plants).

Mêmes semis et plantation que ceux du mois de mars.

Gombo blanc et violet.

On sème en place, en terre légère et fumée.— Faire des trous de 65 cent. de distance, que l'on remplit de bon terreau pour y semer trois graines. — Aux plus fortes chaleurs il faut beaucoup arroser.

Haricot nain hâtif de Hollande. — H. nain flageolet de Laon. — H. noir de Belgique, nain hâtif. — H. jaune du Canada. nain. — H. quarantain du pays. — H. sabre. — H. nain suisse — H. gourmand, avec et sans fils, nain blanc. — H. bagnolet.

Même culture que celle du mois de mars.— On récolte en juillet.

Laitue pommée de Versailles. — L. blonde d'été. — L. Batavia blonde. — L. de Malte, très-grosse. — L. chou de Naples.

4

— L. turque. — L. grosse brune paresseuse. — L. brune hollandaise, ou palatine.

Laitue romaine blonde. — L. romaine monstrueuse.

Même culture que celle du mois de mars.—On récolte en juin-juillet·

Lentille jaune blonde grosse. — L. petite verte.

Même culture que celle du mois de mars. — On récolte en août.

Marjolaine (plants et graines). — Vivace. — Tige rameuse, haute de 50 cent.

Ses feuilles, d'une odeur aromatique, s'emploient comme assaisonnement. On sème en pépinières dans une terre douce (recouvrir très-peu la graine).—Dès que les plants sont d'une force convenable, on les repique en place. — La plante peut se multiplier par éclat. — On cueille en août.

Melon blanc d'été ou de Malte. — M. blanc d'hiver. — M. jaune de Cavaillon. — M. sucrin de Tours (muscat des jardins). — M. ananas rouge et blanc. — M. de Cassabach ou de Smyrne. — M. blanc d'Espagne. — M. chito.

Melon cantaloup galeux du pays. — M. C. Prescott gros et petit. — M. C. orange (grimpant). — M. C. d'Alger. — M C. noir du Portugal. — M. C. noir de Hollande. — M. C. noir des Carmes.

On sème en place, en rayons espacés de 1^m,10, sur une bonne fumure ou terreau — Mettre trois graines par trou, que l'on recouvre de bon terreau ; sarclages et arrosages. — Pour avoir de beaux et bons fruits, il est essentiel de pincer une fois que la plante possède la troisième feuille. Le pincement devra continuer jusqu'à la huitième branche. — On récolte en août-septembre.

Moutarde noire et blanche.

Ses jeunes feuilles s'emploient comme fourniture de salade, et l'on se sert de sa graine triturée pour assaisonnement ou pour remède. — On sème en place. — Demande une terre profonde et fraiche. — On récolte en mai.

Navet blanc plat hâtif. — N. rouge plat hâtif. — N. turnep hâtif (rave plate).—N. noir hâtif.— N. long blanc des vertus. — N. jaune de Finlande.

Même culture que celle du mois de février.— On récolte en juin.

Oseille large de Belleville. — O. patience.

Même culture que celle du mois de février.

Oxalis *crenata* (tubercules). — Vivace.

Ce tubercule s'emploie accommodé autour de la viande ; ses feuilles peuvent remplacer l'oseille comme fourniture de salade (même culture que celle du mois de mars). — On peut récolter les tubercules en novembre.

Panais long et rond. — Bisannuel.

Même culture que celle du mois de février. — Produit en août-septembre.

Pastèque (melon d'eau). — P. muscade, bonne à manger. — P. de Chine, bonne à manger. — P. géante, pour confire. — P. *marmoratus* ou marbrée, pour confire.

On sème en place en rayons espacés de 1m,25, en mettant trois graines par trou, que l'on remplit de fumier ou terreau. — Sarclages et arrosages fréquents. — Le terrain doit être bien défoncé. — On récolte en août.

Perce-pierre, passe-pierre, fenouil marin : plante vivace, tige longue de 40 cent., traînante, rameuse.

Ses feuilles, confites au vinaigre, entrent dans la salade et les assaisonnements. On l'emploie aussi dans les assortiments de quelques liqueurs.

Même culture que celle du mois de mars. — On peut récolter en juillet.

Persil ordinaire. — P. nain, très-frisé. — P. à grosse racine. — P. gros de Naples.

Même culture que celle du mois de janvier. — On cueille en juillet.

Picridie cultivée.

En la coupant petite et verte, on peut s'en servir comme fourniture de salade; elle repousse trois fois. — On la sème par rayons en place pour la récolter en juillet.

Piment ou poivron carré, doux. — P. monstrueux d'Espagne. — P. long de Cayenne — P. tomate — P. enragé. — P. cerise. — P. long de Guinée.

On sème dans une terre douce; puis, on repique à une bonne exposition à 50 cent; arrosements, binages et engrais. — On récolte en octobre.

Pimprenelle petite des jardins. — Vivace. — Fourniture de salade.

On sème en place ou en bordure. — Tout terrain. — Toute exposition. — On cueille en août.

Pissenlit, Dent de lion.

On sème en place (pour obtenir de plus belles plantes et plus tendres, on doit semer en pépinière pour repiquer à une grosseur convenable) dans une terre amendée. — En automne, on doit couvrir le pissenlit de bon sable gras. — On récolte l'année suivante en mars-avril.

Poireau long. — P. gros court de Rouen. — P. court du midi.

Même culture que celle du mois de février. — On récolte en septembre.

Poirée à carde blanche, rouge, jaune ou frisée. — P. petite blonde, à couper, ou bette.

La poirée à carde se sème clair dans une bonne terre, pour repiquer par planches ou par rayons à 25 centimètres de distance. (Dans les mauvais terrains, on sème très-clair, en planche, sans repiquer.) — On récolte en octobre.

La poirée blonde à couper se sème en place, plus épais, en planches ou en bordures. — On récolte en juin.

Pois à écosser nain quarantain. — P. très-nain de Bretagne (pour bordure). — P. nain hâtif de Hollande. — P. de bishop ou évêque, nain. — P. nain ridé. — P. nain gros vert. — P. nain anglais.

Pois à écosser mi-rames, bishop à longue cosse. — P. Michaux de Hollande. — P. prince Albert. — P. Early-Daniel O'Rourk.

Pois à écosser à rames, Michaux de Paris.

Pois à écosser à grande rames d'Auvergne ou serpette. — P. clamard tardif. — P. gros vert normand. — P. ridé ou de Knight.

Pois sans parchemin ou mange-tout, corne-de-bélier à rames. — P. mange-tout mi-rames. — P. mange-tout à fleur rouge. — P. mange-tout très-nain.

Même culture que celle du mois de mars.

Pois-chiche ou pointue. — Annuel ; tige haute de 30 cent.

On sème en ligne, en place, dans tout terrain et en plein champ. — On récolte en juillet.

Pomme de terre (graines et tubercules) quarantaine de Valence. — P. T. ronde de Pertuis. — P. T. truffe d'août. — P. T. chave hâtive. — P. T. marjolaine très-hâtive. — P. T. rouge et jaune de Hollande. — P. T. vitelotte.

Même culture que celle du mois de février.

Pourpier vert et doré. — Annuel.

Fourniture de salade (même culture que celle du mois de mars). — On récolte en juillet.

Radis rond rose hâtif. — R. rond blanc. — R. gris d'été. — R. jaune d'été. — R. violet d'été. — R. demi-long écarlate. — R. demi-long à bout blanc. — R. blanc d'Augsbourg. — R. long écarlate (rave). — R. long blanc tortillé du Mans (rave longue).

Même culture que celle du mois de mars. — On récolte en mai–juin.

Ray-fort sauvage ou champêtre. — Vivace.

Sa racine très-piquante, longue de 85 cent. se rape sur des tranches de viande; elle remplace la moutarde (même culture que celle du mois de mars).

Roquette. — Annuelle. — Fourniture de salade.

On sème très-clair, en place, par planches ou par rayons.—Sarcler. —Eclaircir.—Arroser.

Rhubarbe. — Vivace.

On se sert des côtes ou pédoncules des feuilles pour faire des confitures, des gâteaux et même un sirop excellent (même culture que celle du mois de mars).

Salsifis blanc.

Même culture que celle du mois de février.

Sariette des jardins. — Vivace.

On se sert des feuilles comme assaisonnement. — Se sème sur le sol, sans la couvrir, par planches ou par bordures. — On récolte la deuxième année.

Scorsonère ou salsifis noir.

Même culture que celle du mois de février.

Souchet comestible. — Amande de terre.

Cette plante donne de nombreux tubercules qui se mangent robis; on en fait aussi un espèce d'orgeat (même culture que celle du mois de février).

Tétragone cornue (épinard d'été).

On mange les feuilles comme celles d'épinard (même culture que celle du mois de mars).

Thym.

On se sert de la tige et des feuilles pour aromatiser les mets. — On sème en terre douce pour repiquer plus tard en bordures. — On récolte toute l'année.—On le multiplie aussi en séparant des fortes touffes que l'on plante en bordure.

Tomate rouge grosse (pomme d'amour).— T. rouge naine hâtive.— T. jaune grosse.— T. poire et cerise.—T. à tige raide, fruit gros rouge.

Même culture que celle du mois de mars. — On récolte en août-septembre.

SEMIS DE FLEURS

Abronia *umbellata*. — Sc. 150. — Annuelle (vivace en serre): grimpante, massif, odorante, rustique.— Terre sablonneuse, légère.— Bonne exposition. — En juillet, fleurs rose lilacé.

Acanthe, *sans épine*.— St. 80.— Vivace ; massif.— Croissant à l'ombre.— Terre franche et profonde.— 2me année, en juillet, fleurs d'un blanc rosé, feuilles ornementales.

Aconit *napel*. —St. 110. — Vivace ; massif. — Terre douce, pierreuse et sèche. — Croissant à l'ombre. — 2me année, en juillet, fleurs bleues.

Adlumia *à vrilles*.— St. 300. — Annuelle ; grimpante.— Terre sableuse, légère. — Exposition au midi. — Fleur élégante d'un blanc rosé, en grappe, et feuille ornementale.

Argemone *à grandes fleurs*. — St. 100. — Annuelle; rustique, massif. — Toute terre. — Toute exposition.— En juillet, fleurs blanc pur.

Agrostis *elegans* (graminée). — Sp. 25. — Annuelle ; bordure. — Toute terre. — Bonne exposition. — En juin, fleurs en panicule déliée.

A. *capilaris*. — Sp. 35. — Annuelle ; bordure, massif et pour suspension. — Graminée ornementale. — En juillet, fleurs en très-petits épillets, formant une gracieuse panicule, produisant des touffes plumeuses. (On peut semer aussi en septembre, pour fleurir en mai.)

Aitoca *visqueux*. — 40. — Annuel ; massif. — En juillet, fleur d'un bleu intense et violet, rougeâtre.

Alysse, *Corbeille-d'or*. — St. 20. — Vivace ; rocaille. — Terre sèche, pierreuse.— Toute exposition. — 2me année, en avril, fleurs jaune d'or.

Alstroemeria *chinensis*. — St. — Vivace : rustique, massif. — Croissant à l'ombre. — Terre légère et saine. — Exposition demi-ombragée.—En juin, fleur d'un rose pâle avec du jaune rayé et flagellé de rose pourpre.

Asclepias *tuberosa* (les semis se font en terre de bruyère). — Sc. 60. — Vivace ; massif, rocaille. — Terre franche, légère. — Exposition mi-ombragée de préférence. — 2me année, en juillet, fleurs en ombelle rouge safrané.

Adonide *d'été*. — St. 30. — Annuelle; bordure. — Terre légère. — Toute exposition. — En juillet, fleurs rouge vif, noirâtre au centre.

Amaranthe, *Crête-de-coq* (*Passe-velours*). — St. 50. — Annuelle ; bordure. — Terre franche, légère. — Exposition chaude. — — En août, fleurs jaunes, rouges ou violettes.

A. *gigantesque*. — St. 200. — Annuelle ; massif. — Terre franche, légère. — Exposition chaude. — En août, fleurs en longues grappes cramoisies.

A. *queue-de-renard*. — St. 80. — Annuelle ; massif. — Terre humide. — Bonne exposition. — En août, fleurs jaunes ou rouges.

A. *tricolore*. — St. 100. — Annuelle ; massif. — Terre riche, humide. — Bonne exposition. — En juillet, feuilles ornementales.

A. *mélancolique*. — St. 100. — Annuelle; massif. — Terre humide. — Bonne exposition. — En juillet, feuille d'un rouge vif.

Aster *des Alpes*. — St. 20. — Vivace ; rocaille, bordure. — Sol léger, profond, substantiel et frais. — En juin, fleurs bleues ou blanches.

Ancolie *double des jardins* (*aquilegia*). — St. 90. — Vivace : rustique, massif. — Croissant à l'ombre. — Terre substantielle. — 2me année, en mai, fleurs pendantes blanches, rouges ou panachées.

Aubergine *blanche ou rouge*. — St. 50. — Annuelle. — Terre fumée et fraîche. — Bonne exposition. — En août, fruit d'ornement, ayant la forme d'un œuf de poule.

Balisier-canna. — Sc. 75 à 200. — Vivace ; massif. — Terre douce, chaude, substantielle. — Arrosements fréquents l'été. — 2me année, en juin, fleurs écarlates ou jaunes, feuilles très-ornementales.

Basilic *fin vert*. — B. *fin violet*. — B. *à feuille de laitue*. — St. 30. — Annuel : bordure, odorant. — Terre substantielle et fraîche. — Exposition chaude. — En juin, feuilles odorantes.

Balsamine *double*. — B. *Camellia*. — St. 50. — Annuelle : bordure. — Terre humide. — Bonne exposition. — En juin, fleurs variées en couleurs.

Belle-de-Jour. — Sp. 35. — Annuelle ; bordure. — Terre légère, bien fumée. — Bonne exposition. — En mai, fleurs tricolores.

Belle-de-Nuit *hybride*. — B. *à longues fleurs odorantes*. — Sp. 70. — Vivace ; massif. — Terre légère et substantielle.— Croissant à l'ombre.— En juillet, fleurs en bouquets, variées en couleurs.

Benoîte *écarlate*. — St. 45.— Vivace ; bordure.— Tout terrain — Exposition chaude. — 2e année, en juin, fleurs rouge vif.

Bouquet-parfait, *OEillet-de-poële*. — St. 40. — Trisannuel ; bordure. — Terre légère et fraîche. — Toute exposition. — 2e année, en mai, fleurs disposées en bouquets, variées en couleurs.

Brize *à grande fleur*. — Sp. — Annuelle ; bordure ou massif, pour suspension.— Graminée ornementale.— En juin, fleurs disposées en épillets, d'un blanc jaunâtre.

Buglosse, *toujours-vert*.— St. 100.—Vivace ; massif. — Terre argileuse, profonde et fraiche. — 2me année, en avril, fleurs petites, en grappes d'un bleu céleste.

Carthame *des teinturiers*. — Sp. 70. — Annuel ; massif. — Tout terrain. — Exposition chaude. — En août, fleurs jaune safran.

Capucine *grande* (fleurs jaune orange). — 175. — Grimpante. — C. *brune d'Alger* (fleurs rouge brun).— 200.— Grimpante. — C. *panachée*.— 175. —Grimpante.— C. *naine écarlate*.— 30.— Bordure.— C. *Tom-Pouce jaune*.— 40. — Bordure.— C. *des Canaries* (fleurs petites, jaune soufré). — 250. — Grimpante (feuillage élégant).—C. *lobbianum hybride* (fleurs rouge sang, orange, pourpre ou jaune soufré).— Sp. 400.— Grimpante. (Les capucines sont annuelles en plein air et vivaces en serre.)—Terre ordinaire.—Bonne exposition.—En juin, fleurs variées en couleurs.

Chrysanthème *des jardins*. — 90. — Annuelle ; massif (vivace en serre).— En octobre, fleurs jaunes ou blanches.

C. *à carène*.—50. — Annuelle. — En juillet, fleurs tricolores ou blanches.— St.— Massif.—Tout terrain.— Bonne exposition.

Clématite *à feuilles entières*. — St. 300. — Vivace ; grimpante. —Terre chaude, légère.— Exposition chaude et sèche.— En mai, fleurs rose violacé.

Coloquinte (*petites courges de diverses formes*). — Sc. 400. — Annuelle ; grimpante. — Terre humide.— Bonne exposition. — En juin, fruit d'ornement.

Concombre *serpent*. — Sc. — Annuel ; rampant. — Terre humide. — Bonne exposition. — En juillet, fruit d'ornement.

C. *arada*. — Sc. — Annuel ; grimpant. — Terre humide. — Bonne exposition. — En juillet, fruit d'ornement.

Cinéraire *maritime*. — Sc. 60. — Vivace ; massif. — Toute terre. — Exposition abritée. — 2me année, en juillet, fleurs jaunes.

Collomia *coccinea*. — Sp. 30. — Annuelle ; bordure. — Toute terre. — Toute exposition. — En juillet, fleurs rouges coccinées.

Cacalie *écarlate*. — Sp. 40. — Annuelle ; bordure. — Terre légère. — Exposition chaude. — En juillet, fleurs rouge vif.

Calandrinia *grandiflora*. — Sp. 15. — Annuelle ; bordure (vivace en serre). — Terre légère. — Bonne exposition. — En juillet, fleur rose violacé.

Campanule *pyramidale*. — St. 140. — Bisannuelle ; rustique, rocaille. — Terre franche, légère. — Mi-soleil. — En août, fleurs bleues ou blanches, disposées en grappes.

Caracole. — Sc. 250. — Vivace ; grimpante ; serre. — Exposition au midi. — 2me année, en juin, fleurs blanc rosé, contournées en spirale.

Celosie *à épi rose*. — St. 60. — Annuelle ; massif. — Terre humide. — Bonne exposition. — En juillet, fleurs rose violacé.

Centaurée, *barbeau, bleuet*. — Sp. 40. — Annuelle ; massif. — Tout terrain. — Toute exposition. — En juillet, fleurs jaunes, blanches ou violettes.

Clarkia *pulchella*. — C. à *fleurs doubles*. Annuel ; massif. — Tout terrain. — Exposition au midi. — En juillet, fleurs nombreuses roses, à pétales en croix.

Clintonie *délicate*. — St. 15. — Annuelle ; bordure, suspension et rocaille. — Croissant à l'ombre. — Terre légère. — En septembre, fleurs en grappes allongées, d'un bleu tendre et rosé.

Collinsia *bicolor*. — Sp. 25. — Annuel ; bordure. — Terre légère et fertile. — Toute exposition. — En juin, fleurs lilas et blanc.

Coquelourde, *Rose-du-ciel*. — St. 50. — Annuelle ; bordure. — Terre légère. — Bonne exposition. — En juin, fleurs pourpre ou rose tendre.

Coreopsis *élégant*. — Sp. 75. — Massif.

C. *Drummond*. — Sp. 60. — Bordure, annuelle.

C. *couronné*. — St. 40. — Terre ordinaire, fraîche. — Bonne exposition. — En juillet, fleurs jaunes tachées de brun.

Cosmos *bipinné*. — Sp. 130. — Annuel ; massif. — Terre légère. — Bonne exposition — En juin, fleurs rouges, violacées ou rosées ; feuillage élégant.

Courge *bouteille*. — C. *pèlerine*.— C. *plate de Corse*. — C. *massue*. — C. *poire-à-poudre*.— Sp. 300. — Annuelle ; grimpante. — Terre humide.— Bonne exposition.— En juillet, fruit d'ornement.

Crepis. — Sp. 25. — Annuel ; bordure. — Tout terrain. — Toute exposition.—En juin, fleurs blanches, roses ou jaunes.

Cupidone. — St. 100. — Vivace ; massif. — Terre légère. — Exposition chaude. — En juillet, fleurs blanches ou roses.

Cynoglosse *à feuille de lin* (argentine). — Sp. 30. — Annuelle ; bordure. — Tout terrain. — Bonne exposition. — En juillet, fleurs en panicules blanches.

Croix-de-Jérusalem, *Lychnis*. — St. 50. — Vivace ; massif.— Terre franche, légère et fraîche. — Bonne exposition. — En juin, fleurs d'un rouge éclatant ou blanches.

Dahlia *double*. — Sc. 75 à 150. — Vivace ; massif. — Terre humide, substantielle. — Bonne exposition. — En août, fleurs de toutes nuances.

Datura *fastuosa double*. — St. 90. — Annuel ; massif. — Terre légère. — Exposition chaude. — En août, fleurs doubles en cornet, blanc verdâtre ou blanches.

Delphinium *hybride*. — Sc. 60. — Vivace ; massif, rustique.— Terre légère et fraîche. — Bonne exposition. — 2me année. en juillet, fleurs bleues on violettes.

Digitale.— St. 110.— Vivace ; massif. —Terre légère et sèche. — Exposition chaude. — 2me année, en juin, fleurs pourpres on blanches.

Dolique *d'Égypte, ligneux*. — Sp 300. — Annuel ; grimpant. — Toute terre. — Exposition chaude. — En septembre, fleurs violettes ou blanches.

Dracocéphale *de Moldavie*. — Sp. 55. — Annuel ; odorant, massif. — Bonne terre. — Bonne exposition. — En juillet, fleurs bleu pâle ou blanches.

Épervière. — St. 80.— Vivace ; bordure, traçante, rocaille. — Terre substantielle, saine et fraîche.—Croissant à l'ombre.— 2me année, en juin, fleurs d un jaune orange.

Enothère *de Drummond*. — St. 60.— Annuelle ou bisannuelle ;

massif ; odorante. — Toute terre. — Bonne exposition. —
En juin, fleur d'un jaune paille. (Variété naine de 35 cent)

Euphorbe. — Sp. 60. — Annuel ; massif. — Terre sèche et
légère. — Exposition chaude. — En juillet, feuilles ornementales, panachées.

Escholtzia *Californica*. — Sp. 40. — Bisannuelle ; massif. —
Terre ordinaire. — Exposition au soleil. — En juillet, fleur
d'un jaune pur ou blanche.

Galega *officinal (rue de chèvre)*. — St. 125. — Vivace ; massif,
très-rustique et vigoureuse. — Sol argileux, frais, profond et
meuble. — Toute exposition. — En juin, fleurs nombreuses,
disposées en grappes, d'un bleu pâle. (On peut aussi semer
en mai-juin.)

Gentiane *à fleurs jaunes* (les semis se font en terre de bruyère).
— Se 130. — Vivace ; aquatique. — Terre sableuse, fraîche.
— Croissant à l'ombre.— 2me année, en juillet, fleurs jaunes.

G. *à grandes fleurs.* — Se. 10. — Bordure. — Fleurs bleues.

Gilia *tricolor.* — Sp. 40. — Annuel ; bordure. — Tout terrain.
— Toute exposition. — En juillet, fleurs disposées en bouquets jaune et brun.

Giroflée *quarantaine, feuille cendrée.* — St. 30. — Annuelle. —
G. *quarantaine, feuille verte.* — St. 30. — Annuelle. — G. *à
grandes fleurs.*— St. 30.— Annuelle.— G. *naine, lilliputienne.*
— St. 20. — Annuelle. — G. *naine à bouquet.* — St. 20. —
Annuelle. — G. *d'automne.* — Se. 35. — Annuelle. — (Odorante, bordure. — Terre franche, amendée. — Bonne exposition. — En juillet, fleurs variées en couleurs.)

Giroflée *jaune ou violier.* — G. *jaune à fleurs violettes.* — G.
jaunes à fleurs brunes. — G. *jaune à fleurs doubles.* — St. 50.
— Vivace ; rustique, bordure, rocailles. — Tout terrain. —
Toute exposition. — 2me année en avril, fleurs violettes ou
brunes.

Godetia *rubicunda.* — Sp. 75. — Annuel ; massif. — Terre
ordinaire. — Exposition chaude. — En juillet, fleurs roses et
pourpres.

Haricot *d'Espagne.* — Sp. 400. — Grimpant. — Terre douce,
légère et fraîche.— Bonne exposition. — En juin, fleur rouge,
blanche ou tricolore.

Héliotrope. — Se. 80. — Repiquer en pot. — Vivace ; serre ;
odorante, massif.— Terre fraîche et légère. — Exposition au
midi. — En août, fleurs lilas ou bleuâtres.

Hugelia *cœruleus* (didisque). — Sp. 80. — Annuelle; massif. — Terre légère et fraîche. — Bonne exposition. — En juillet, fleurs bleu de ciel, réunies en ombelles.

Ionopsidium *acaule*. — Sp. — 15. Annuel; charmante miniature pour bordure, vase ou rocaille. — Terre légère. — Exposition demi-ombragée. — En juin, fleur petite, élégante, d'une teinte violacée ou blanc lilas.

Ipomée *quamoclit*. — Sp. 125. — Annuelle. — En juin, fleurs écarlates. — I. *nil*, *Michaux*. — Sp. 500. — Annuelle. — En juin, fleurs bleues. — I. *limbata*. — Sp 300. — Annuelle. — En août, fleurs d'un violet foncé ou blanches. — I. *à grandes fleurs* (*bona-nox*). — Sp. 300. Vivace. — En juillet, fleurs blanches ou bleues. — I. *à feuilles de lierre*. — Annuelle. — 250. — En juillet, fleur d'un bleu azuré et blanchâtre. — I. *écarlate* — 350. — Annuelle. — En juillet, fleur orange cocciné à odeur agréable.
Terre légère, substantielle.—Exposition au midi.—Grimpante.

Ipomopsis *elegans*. — St. 150. — Bisannuelle; **massif**.— Terre légère. — Bonne exposition. — En juillet, fleurs rouges en grappes.

Immortelle *globuleuse*.— St. 50.— Bordure.— Terre légère.— Exposition chaude. — En juillet, fleurs d'un rouge violet, blanches ou jaunes.

I. *à bractée jaune*. — St. 110. — Annuelle ou bisannuelle. — Terre ordinaire. — Bonne exposition. — En juillet, fleurs jaune doré.

I. *à grandes fleurs*. — St. 60. — Annuelle; massif. — Terre ordinaire. — Bonne exposition. — En juillet, fleurs roses.

Julienne *de Mahon*. — Sp. 25. — Annuelle; rocaille . rustique, odorante, bordure. — Toute terre. — Toute exposition. —En juin, fleurs lilas, violettes, blanches ou **rouges**.

Ketmie *d'Afrique*. — Sp. 50. — Annuelle; massif. — Terre douce. — Exposition ombragée. — En juillet, fleurs d'un blanc jaunâtre et brune.

Lavatère *à grandes fleurs*. — St. 100. — Annuelle; massif. — Terre substantielle et fraîche.—Toute exposition.— En juillet, fleurs roses ou blanches.

Linaire *à fleurs d'orchis*. — Sp. 30. — Annuelle; massif. — Toute terre de jardin. — Bonne exposition. — En juin, fleurs en épi, pourpres, violacées.

Lin *à grandes fleurs*. — Sp. 30. — Annuel ; bordure. — Terre meuble et bien fumée. — En juillet, fleurs d'un beau rouge éclatant.

L. *vivace*. — St. 55. — Massif. — Terre ordinaire. — Bonne exposition. — En juillet, fleurs d'un bleu céleste.

Loasa *orangé*. — Sc. 300. — Grimpante.— Annuel (vivace en serre).— Terre meuble, sèche.—Bonne exposition.—En septembre, fleur solitaire d'un rouge brique, mélangé de jaune et de pourpre.

Lobelia *ramosa* — Sc. 30. — Annuelle ; bordure, rocaille. — Terre franche, legère et fraîche. — Exposition chaude. — En juin, fleurs bleu intense.

Lotier-Saint-Jacques. — Sc. 70. — Annuel (vivace en serre) ; — massif. — Terre légère. — Exposition au midi. —En juillet, fleurs marron.

Lupin *de Cruikshank*. — Sp. 125. — Annuel ; odorant, massif. — Toute terre. — Bonne exposition. — En juillet, fleurs jaunâtre rosé.

L. *jaune odorant*. —Sp. 60. — Annuel ; massif. — Toute terre. — Bonne exposition. — En juillet, fleurs jaunes.

L. *nain*. — Sp. 25. — Annuel ; bordure, massif. — Toute terre. — Bonne exposition.— Fleur blanche pointillée de bleu clair et jaune orange.

Malope *à grandes fleurs*. — Sp. 100. — Annuelle ; massif. — Terre ordinaire. —Toute exposition. — En juin , fleurs rose violacé ou blanches.

Madia *elegans*. — Annuel ; massif.— Terre ordinaire. — Toute exposition. — En juillet, fleurs jaunes ponctuées de brun.

Martynia *formosa*. — Sc. 45. — Annuel ; odorant, massif. — Terre légère et fumée. — Exposition chaude. — En juillet, fleurs rouge purpurin.

Massette *à feuilles larges* — St. 250. — Vivace ; aquatique et rustique. — Terre forte et humide.— Toute exposition.— En juillet, fleurs monoïques, disposées en deux épis superposés, d'un brun noirâtre.

Matricaire *double*. — St. 60. — Vivace ; massif. — Terre légère. — Exposition au soleil. — 2me année , en juin, fleurs blanches.

Mauve *d'Alger* — Sp. 130.— Annuelle ; massif.— Terre légèrement argileuse. — Bonne exposition. — En juillet, fleurs blanches striées de violet.

Mimule *à grandes fleurs*. — Sc. 30. — Vivace ; rocaille. — Croissant à l'ombre.— Terre légère et humide. — En juillet, fleurs jaunes pointées de brun.

Momordiqua *balsamina* (pomme merveille). — Sc. 125. — Annuelle ; grimpante.— Terre humide. — Exposition chaude. — En juillet, fruit d'ornement.

M. *à feuilles de vigne*. — 200. — (Même culture.)

Muflier, *Gueule-de-loup*.— St. 70.— Vivace ; rustique, rocaille, massif. — Tout terrain. — Croissant à l'ombre. — En août, fleurs rouges, blanches ou panachées.

Myosotis, *Souvenez-vous-de-moi*. — Sp. 20. — Vivace ; rocaille, bordure.— Terre humide. — Toute exposition. — En juillet, fleurs bleu céleste.

Nemophile.— Sp. 20.— Annuelle ; bordure.— Terre ordinaire. — Toute exposition. — En juin, fleurs bleues, blanches ou maculées.

Nigelle, *Patte-d'araignée*. — Sp. 40. — Annuelle ; bordure. — Terre légère et chaude. — Toute exposition. — En juillet, fleurs bleues.

Nycterinia *selagenoïdes*. — St. 20. — Annuelle ; odorante, bordure.— Terre légère. —Exposition au soleil.— En juin, fleurs roses en touffes.

Œillet *de Chine double*. — St. 30. — Bisannuel ; bordure. — Terre franche et légère.—Bonne exposition.— En août, fleurs variées en couleurs.

Œ. *de la Chine, Heddwig*. — St. 35.— Annuel ; massif. —Terre légère. — Bonne exposition. — En août, fleurs pourpres, blanches ou roses.

Œ. *d'Inde grand*. — Œ. *d'Inde main, Passe-velours*. — St. 30 à 60. — Annuel ; massif. — Terre humide. — Exposition chaude. — En août, fleurs jaune vif ou jaune pourpre.

Œ. *de Gardner*. — Sc. 45. — Bisannuel ; rustique, massif.— Terre ordinaire. — Bonne exposition. —En juin, fleurs roses.

Œ. *mignardise*. (Œ. plume). — Sc. 30. — Vivace ; bordure, odorant. — Terre franche, meuble et terreautée. — Bonne exposition. — En mai, fleurs variées en couleurs.

Œ. *doubles de fleuristes*.— Œ. *flamand*. — Œ. *remontant*. — Œ.

de fantaisie.— St. 60. — Vivace ; bordure, odorant. — Terre franche, ameublée et terreautée. — 2me année, en juin, fleurs variées en couleurs.

Pâquerette *simple des champs.* — P. *double des jardins.* — St. 10.—Vivace ; bordure. — Terre franche, légère et fraîche. — Croissant à l'ombre. — 2me année, en mars, fleurs variées en couleurs.

Passe-rose, *rose trémière.* (Peut réussir dans un sol très-sec, mais la floraison est moins belle.) — St. 250. — Vivace ; rustique, massif. — Terre franche, légère, profonde et substantielle. — Exposition au midi. — 2me année , en juillet, fleurs variées en couleurs.

Passiflora, *Passion.*—St. 1500.-- Vivace ; grimpante.— Terre légère. — Bonne exposition. — 3me année, en été, fleurs d'un blanc bleuâtre.

Pensée *anglaise.*— P. *ordinaire.* — St. 15. — Vivace ; bordure. — Terre substantielle et fraîche. — Bonne exposition. — En été, fleurs abondantes , mais plus petites que par les semis d'août et septembre.

Petunia *hybride.* — St. 70.—Annuel (vivace en serre) ; bordure. — Terre meuble et légère. — Bonne exposition. — En août, fleurs variées en couleurs.

Petunia *odorant.* — St. 75. — Bisannuel ou vivace ; bordure, rustique, rocaille. — Toute terre. — Toute exposition. — En juillet, fleurs violettes ou blanches.

Pelargonium. — Sc. 50. — Vivace ; serre, massif. — Bonne terre.—Exposition au soleil ou mi-ombre.—L'année suivante, en avril, fleurs variées en couleurs.

Persicaire *du Levant.* —Sp. 200. — Annuelle ; massif ; aquatique. — Terre substantielle et fraîche. — Toute exposition — En juillet, fleurs roses, rouges ou blanches.

Phacelia *bipinnatifida.* — Sp. 50. — Annuel ; bordure. — Terre ordinaire.—Toute exposition.—En juillet, fleurs bleues.

Phlox *decussata.* — St. 60. — Vivace ; massif. — Terre ordinaire. — Bonne exposition. — 2me année, en juillet, fleurs variées en couleurs.

P. *Drummond.* — Sp. 45.— Annuelle ; bordure.— Terre légère et meuble. — Toute exposition. — En juin, fleurs variées en couleurs.

Pied-d'alouette *nain.* — Sp. 40. — P.-d'a. *grand.* — Sp. 100.

— Annuel; bordure. — Terre ordinaire. — Toute exposition.
— En juin, fleurs en pyramides variées en couleurs.

Pois *de senteur.* — Sp. 120. — Annuel ; odorant, grimpant, rustique.—Tout terrain.—Toute exposition.—En juillet, fleurs violettes, roses ou blanches.

Portulaca *grandiflora* (pourpier). — St. 15. — Annuel ; bordure. — Terre légère et sablonneuse. — Exposition au midi. — En août, fleurs rouges, blanches, jaunes ou panachées.

Pervenche *de Madagascar.* — Sc. 30. — Annuelle, bordure (vivace en serre). — Terre franche, substantielle. — Bonne exposition. — En juin, fleurs roses ou blanches.

Primevère *des jardins.* — Sc. 15. — Vivace ; bordure.—Terre franche, légère et fraîche. — Croissant à l'ombre. — L'année suivante, en mars, fleurs variées en couleurs.

Reine-Marguerite *pivoine.* — St. 50. — RM. *imbriquée pompon.* — St. 50. — RM. *à rameaux étalés.* — St. 50. — RM. *chinoise.* — St. 90. — RM. *pyramidale.* — St. 60. — RM. *naine à bouquet.* — St. 20. — RM. *empereur géante.* — St. 75. — RM. *couronnée.* — St. 50. — RM. *à aiguille.* — St. 40. — RM. *anémone.*—St. 40. — RM. *à fleurs de renoncule.* — St. 70. — RM. *à fleur de chrysanthème naine.* — St. 30. — Annuelle : bordure ou massif. — Terre labourée et ameublie. — Bonne exposition.—En juillet, fleurs variées en couleurs. (Pour avoir des fleurs grandes bien doubles, on doit repiquer deux fois.)

Renoncule *aquatique.* — St. 100. — Vivace. — Terre ordinaire. — Toute exposition. — En août, fleurs nombreuses, d'un blanc pur.

Rhodante *manglesu.* — Sp. 25. — Annuel ; massif. — Terre bonne et légère.— Bonne exposition. — En août, fleurs en capitules, d'un blanc rosé et d'un beau rose. (On peut semer sur couche en terre de bruyère, en février-mars, pour fleurir en juillet.)

Réséda *odorant.* — R. *à grandes fleurs.* — St. 30. — Bordure. — Annuel (vivace en serre). — Toute terre. — Bonne exposition. — En juin, fleurs verdâtres.

Sainfoin *d'Espagne.* — St. 100. — Vivace ; odorant, massif.— Terre légère, saine et profonde au midi. (Peut réussir aussi dans un terrain sec.) En août, fleurs d'un rouge purpurin ou blanches.

Salpiglossis *hybride.* — Sp. 70. — Annuel ; massif. — Terre légère.—Exposition chaude.— En juillet, fleurs à fond blanc, striées de différentes couleurs.

Sanvitalia. — St. — Annuelle ; massif ou bordure. — Terre légère. — Bonne exposition. — En juin, fleurs d'un beau jaune orangé, striées de vert, et disque d'un brun pourpre.

Saponaire *de Calabre.* — Sp. 20. — Annuelle ; bordure. — Toute terre (de préférence un sol terreauté). — Bonne exposition. — En mai, fleurs d'un rose vif.

Saxifrage *hypnoïde* (gazon turc).— St. 10.—Vivace ; bordure, rocaille.—Croissant à l'ombre.—Terre fraîche et saine.— En juin, fleur blanche.

S. *sarmenteuse.*— St. 30.—Vivace ; rustique, bordure, rocaille, fraîche, pour suspension.—Terre de bruyère ou terre franche, sableuse et saine.—Demi-ombre.—En juin, fleur en panicule pyramidale, d'un blanc pur taché de jaune ; feuilles ornementales.

Scabieuse *des jardins.* — Sp. 65. — Bisannuelle ; massif. — Terre meuble. — Exposition chaude. — En septembre, fleurs pourpres, roses ou panachées.

Sedum *de Siebold.* — St. 20.—Vivace ; rocaille ; suspension ou jardinière. — Terre sèche. — Bonne exposition. — En septembre, fleurs petites, d'un rose tendre.

Séneçon *double des Indes* — St. 50. — Bisannuel ; bordure. — Terre légère et meuble.—Bonne exposition.—En août, fleurs violettes, pourpres ou blanches.

Silène *pendant.* — Sp. 30.— Annuelle et bisannuelle ; bordure. — Terre légère. — Exposition chaude. — En juillet, fleurs d'un rose tendre.

S. *d'Orient.* — St. 60. — Bisannuelle ; bordure. — Craint l'humidité.—Terre très-saine, bien drainée.—Demande le grand air et le plein soleil.— En juillet, fleurs d'un rose tendre en très-gros bouquet.

Soleil *jaune à centre vert.* — S. *de Californie* (tournesol). — St. 200. — Annuel ; massif. — Tout terrain. — Toute exposition.— En juin, fleurs doubles jaunes.

Souci *double à la reine.*— St. 50.— Annuel ; rustique, massif. — Toute terre. — Toute exposition — En septembre, fleurs abondantes, d'un jaune clair, tachées de teinte brunâtre.

Tabac (les variétés). — T. *géant à grandes fleurs.* — St. 120. — Annuel ; massif. — Terre substantielle. — Bonne exposition. — En juillet, fleurs jaunes.

5

Tagetes, *rose d'Inde double.* — St. 90. — Annuel ; massif. — Toute terre. — Exposition chaude. — En juillet, fleurs d'un jaune orange.

Tournefortia, *faux Héliotrope.* — Sc. 35. — Annuel ou vivace; massif, rocaille. — Toute terre. — Bonne exposition. — En juillet, fleurs bleues et blanc jaunâtre.

Thlaspi *odorant.* — T. *violet foncé nain.* — Sp 30. — Annuel ; bordure. — Tout terrain. —Toute exposition. — En juillet, fleurs violettes ou blanches.

Valériane *d'Alger.* — St. 30. — Annuelle ; bordure. — Croissant à l'ombre. — Terre légère. — En juin, fleurs rouges.

Venidium *à fleur de souci.* — St. 20. — Annuel ; bordure ou massif. — Bonne terre. — Exposition au soleil. — En mai, fleurs d'un beau jaune, orange vif et verdâtre.(On peut semer en place en mai.)

Verveine *hybride des jardins.* — Sc. 30. — Annuelle (vivace en serre); bordure. — En août, fleurs variées en couleurs. V. *d'Italie.* — Sc. 30.— Annuelle (vivace en serre); bordure. — En août, fleurs variées en couleurs. — V. *de Miquelon.* — Sc. 30.—Annuelle ; bordure —En août, fleurs d'un rose foncé amaranthe. — V. *venosa* (à feuilles rugueuses). — Sc. 35.— Annuelle ; bordure.— En août, fleurs d'un violet bleuâtre.— V. *pulcherrima* (élégant).— Sc. 40. — Annuelle; bordure.— En août, fleurs violettes. (Les Verveines viennent en terre ordinaire et demandent une exposition chaude.)

Véronique *à épis.* — St. 30. — Vivace ; rustique, massif. — Croissant à l'ombre. — Terre légère et substantielle.— Toute exposition. — 2ᵉ année, en mai, fleurs d'un bleu vif.

Violette *des 4 saisons.* — Sc. 15.—Vivace; odorante, bordure. — Croissant à l'ombre. — Terre douce et humide. —L'année suivante, en mars, fleurs simples violettes.

Viscaria *oculata.* — Sp. 40. — Annuel; bordure, massif. — Terre ordinaire. — Exposition au midi. — En juin, fleurs roses à centre pourpre.

Volubilis ou *Liseron* (Ipomée ordinaire). — Sp. 250. — Annuel; grimpant. — Tout terrain. — Toute exposition. — En juillet, fleurs variées en couleurs.

Zinnia *élégant simple.*—Z. *double.*—St. 70.—Z. *du Mexique simple.*— St. 40. (En juillet, fleurs d'un jaune orange.)—Les Zinnias sont annuels ; massifs.—Croissant à l'ombre.—Terre ordinaire et fraîche. — En juillet, fleurs variées en couleurs.

MAI

TRAVAUX DE CE MOIS

Tous les carrés de potager doivent être occupés par une collection de légumes.

Les couches deviennent inutiles à partir de ce mois ; cependant on doit apporter un grand soin à celles qui sont faites pour avoir des primeurs et dont les fruits commencent à mûrir. On donne de l'air toute la journée aux coffres et aux châssis, en soulevant ou en ôtant les vitrages.

Pendant ce mois, on détruit les fourmilières par divers moyens que nous indiquons dans notre *Manuel des jardins*.

Les semis de toutes les variétés de haricot peuvent se faire dans ce mois. Pour avoir successivement des haricots verts, on doit en semer tous les quinze jours.

Les plantes qui montent promptement en graine dans cette saison doivent être semées souvent.

Les plantations de tous les semis faits depuis février ont lieu pendant ce mois.

Les produits de pleine terre sont considérables dans ce mois : on récolte en quantité des pois, des fèves, des laitues, des asperges, des cardes, des radis, tous les choux du printemps, etc.

Les fraises des quatre saisons et les espèces anglaises sont en plein rapport, ainsi que les cerisiers, néfliers, etc.

Il est d'usage dans le Midi de cultiver les haricots mêlés au maïs. On sait que ces deux plantes ne se nuisent pas entre elles, puisque l'une a sa racine pivotante, tandis que l'autre a sa racine traçante : on appelle cela culture composée.

On peut commencer à donner aux bestiaux la luzerne en vert.

On palisse les arbres.

Vérifier les arbres fruitiers, pincer les branches qui ont trop de développement, faire des incisions et des redressages aux branches faibles.

On s'occupe à couper le foin et à faucher les prés artificiels.

Faire la taille en vert des arbres fruitiers en plein vent, tels que pêchers et abricotiers. S'il se trouve des tiges trop faibles pour supporter les fruits qu'elles doivent donner, on peut en supprimer quelques-unes ; de cette manière, les fruits qui resteront seront beaucoup plus beaux et l'arbre poussera avec plus de vigueur.

Pendant ce mois, on fait le pincement de tous les arbres en général. Cette opération doit se faire avec baucoup de précaution, si l'on veut obtenir de bons résultats.

Surveiller les arbres qui sont en espalier.

On peut greffer en flûte le châtaignier et le figuier.

Vérifier les arbres greffés, supprimer les faux bourgeons et détruire les insectes nuisibles.

Enlever dans les pépinières les plantes parasites et nuisibles, ainsi que les chenilles. Vérifier les greffes.

SEMIS DE POTAGER

Arroche blonde, rouge et très-rouge (belle-dame ou blé).

On sème en place par rayons ou à la volée ; tout terrain lui convient. — On récolte en juillet.

Aubergine violette longue et ronde.

Même culture que celle du mois d'avril. — On récolte en août-septembre.

Betterave rouge grosse. — B. rouge et jaune de Castelnaudary. — B. écorce ou crapaudine. — B. rouge de Passano ou turneps. — B. jaune grosse et globe.

Même culture que celle du mois de mars. — On récolte en septembre.

Câprier (pieds). — On confit au vinaigre les boutons frais.

Arbrisseau haut de 1ᵐ,30 cent.—Demande une terre légère, substantielle, avec une exposition au midi et contre un mur.—Ne craint pas la sécheresse. — On la multiplie par marcottes et par strangulation.

Capucine grimpante.

Ses fleurs servent à orner les salades ; les graines encore vertes peuvent se confire au vinaigre, et s'emploient en assaisonnement comme les câpres. — (Voir la culture aux semis des fleurs.)

Cardon de Tours, épineux. — C. d'Espagne non épineux. — C. inerme. — C. à côtes rouges. — C. de Puvis.

Même culture que celle du mois de mars.

Carotte rouge demi-longue.—C. rouge courte, grosse.—C. très-courte ronde, hâtive de Hollande (C. toupie). — C. d'Altringham. — C. pâle de Flandre, longue. — C. rouge longue. — C. jaune longue. — C. jaune et rouge d'Achicourt.

Même culture que celle du mois de mars. — On récolte les courtes hâtives et demi-longues en juillet, les longues en octobre.

Céleri plein rouge.

Même culture que celle du mois de juin. — On récolte en octobre.

Cerfeuil commun. — C. frisé.

Même culture que celle du mois de juin. — On récolte en juin.

Champignon (blanc de).

Culture à l'air libre. —Il faut établir la meule à l'abri de la pluie, au nord, et étendre dessus une couche de paille. — Procéder de la même manière que la culture en cave. — (Voir la culture d'avril.)

Chenille grande et petite. — Annuelle.

On s'en sert pour surprise dans les fournitures de salade. — On sème en place, à distance de 25 cent. en terre légère — On récolte en août.

Chicorée frisée d'Italie. — C. frisée de Meaux. — C. frisée mousse.

Même culture que celle du mois de mars. — On récolte en juillet-août.

Chicorée à couper, amère. — C. toujours blanche. — C. amère améliorée.

Même culture que celle du mois de mars. — On récolte en juin.

Chou-fleur tendre hâtif. —C. fleur demi-dur de salon.—C. fleur demi-dur de Malte. — C. brocolis violet.

Même culture que celle du mois de février. — Le tendre se récolte en septembre. — Demande une terre humide, de première qualité.— Le demi-dur se récolte en décembre. — Le brocolis se récolte en mars.

Chou pommé ou cabus de St-Denis. — C. quintal. — C. de Hollande à pied court. — C. de Schweinfurth. — C. rouge gros et petit.

On récolte en août.

Chou de Milan, frisé, gros des vertus. — C. frisé court, hâtif d'Ulm.

On récolte le gros frisé en octobre, le petit d'Ulm en septembre.

Chou à jets de Bruxelles.

On récolte en octobre.

Chou-navet (produisant en terre).

Ses semis se font très-clair, à la volée, en place, sans repiquage. — On récolte en octobre.

Ciboule vivace.

Même culture que celle du mois de janvier. — Production en juillet-août

Concombre long jaune. — C. long blanc. — C. long vert. — C. court vert hâtif, pour cornichon. — C. petit très-hâtif de Russie, pour cornichon.

Même culture que celle du mois d'avril. — On récolte en juillet-août.

Corne-de-cerf (plantain). — Annuelle.

Ses feuilles s'emploient comme fourniture de salade. — On sème en place en terre légère. — On récolte en juillet.

Courges.

On sème et on cultive toutes les variétés du mois d'avril.

Cresson alénois, menu de Paris. — C. frisé. — C. larges feuilles.

Même culture que celle du mois d'avril. — On cueille en mai-juin.

Cresson de fontaine ou de rivière.

Même culture que celle du mois d'avril. — On récolte en août.

Epinard commun. — E. d'Angleterre. — E. de Hollande. — E. de Flandre. — E. d'Esquermes.

On sème en place, à la volée, par planches.—Demande une terre largement fumée et bien ameublie. (Faire tremper la graine une journée avant de la semer). — On cueille en juin.

Gombo blanc et violet.

Même culture que celle du mois d'avril.

Haricot nain hâtif de Hollande. — H. flageolet blanc. — H. nain noir de Belgique. — H. nain jaune du Canada. — H. quarantain du pays.— H. sabre nain. — H. nain suisse. — H. nain gourmand, avec et sans fils. — H. nain bagnolet.

Même culture que celle du mois de mars. — On récolte en juillet-août.

Laitue pommée de Versailles.— L. blonde d'été.— L. Batavia blonde. — L. de Malte.— L. chou de Naples. — L. turque. —L. grosse brune paresseuse. — L. brune hollandaise ou palatine.

Laitue romaine blonde d'été. — L. romaine monstrueuse. — L. romaine alphange. — L. romaine à feuilles d'artichaut.

Même culture que celle du mois de mars. — On récolte en juillet-août.

Lentille jaune blonde grosse. — L. petite verte.

Même culture que celle du mois de mars.

Marjolaine (plants et graines).

Même culture que celle du mois d'avril.

Melisse, citronnelle. — Vivace.

Vient bien dans les lieux rocheux et stériles. — Feuilles à odeur aromatique. – On sème dans une terre sablonneuse, un peu fraîche ; puis on repique dans tout terrain. – Au printemps, on la multiplie aussi par éclat de pied.

Melons et cantaloups.

On sème et on cultive toutes les variétés du mois d'avril

Oseille large de Belleville. — O. patience.

Même culture que celle du mois de février. — On cueille en juin-juillet.

Oxalis *Crenata* (tubercules).

Même culture que celle du mois d'avril.

Pastèque (melon d'eau). — P. muscade, bonne à manger. — P. de Chine, bonne à manger. — P. marmoratin ou marbrée, pour confire.

Même culture que celle du mois d'avril. — On récolte en août.

Patate douce (boutures).

On mange les racines comme celles de la pomme de terre.

Plantation par bouture.— On plante les boutures enracinées dans de petits pots, en plein air, dans une terre douce, bien préparée d'avance à une bonne exposition, par rang de 1ᵐ,25 de distance ; les plants doivent être distancés de 25 cent. sur le rang — On sarcle de temps à autre jusqu'à ce que les pousses couvrent le sol — Arrosements très-fréquents. (On plante toutes les variétés du mois de mars.) — On récolte en septembre par un temps sec.

Moyens pour conserver les tubercules :
1° Les exposer quelques heures à l'air et au soleil ;
2° Les placer dans un lieu sec, où se trouvent des courants d'air ;
3° Mettre sur un lit de sable bien sec des tubercules bien sains et les couvrir ensuite d'un second lit de sable, toujours bien sec ; ainsi de suite, afin que chaque tubercule ne se touche pas. A défaut de sable. on peut couvrir les tubercules avec du foin bien sec.

Perce-pierre. — Passe-pierre. — Fenouil marin.

(Pour sa culture et son utilité, voir le mois de mars.)

Persil ordinaire. — P. nain très-frisé. — P. à grosse racine. — P. gros de Naples.

On sème en place, par planches, par rayons ou par bordures. — Exposition au Nord. — Arrosages et sarclages. — Demande une terre bien meuble, douce et profonde. — On cueille en juillet.

Piment ou poivron carré, doux. — P. monstrueux d'Espagne. — P. long de Cayenne. — P. tomate. — P. enragé. — P. cerise. — P. long de Guinée.

On sème dans une terre douce; puis on repique à une bonne exposition. — Arrosements, binages et engrais. — On récolte en octobre.

Pimprenelle petite des jardins. — Vivace. — Fourniture de salade.

On sème en place ou en bordure. — Tout terrain. — Toute exposition. — On cueille en août.

Pissenlit, Dent-de-lion.

Même semis que celui du mois d'avril.

Poireau long. — P. gros court de Rouen. — P. court du Midi.

Même culture que celle du mois de février.

Pois à écosser à rames. — P. clamard, tardif. — P. d'Auvergne ou serpette. — P. ridé ou du Knight. — P. gros vert normand.

Pois sans parchemin, Corne-de-bélier. — P. mangetout rouge.

Les semis se font en place, par touffes ou par rayons, espacés de 60 cent. sur une plate-bande ; demande une terre saine et légère avec des engrais consommés. — Dans les terres fortes, de simples amendements suffisent. — Couvrir très-peu le semis. — On récolte en août.

Pois-chiche ou pointue. — Annuel; haut de 30 cent.

On sème en place. en ligne, dans tout terrain et en plein champ. — On récolte en août.

Pomme de terre (graines).

On sème dans une terre bien sablonneuse, défoncée à 25 cent. — Mettre du fumier consommé. — Les semis se font très-clair, dans des sillons de 35 cent. de distance. — On couvre les graines de quelques centimètres de bonne terre légère, que l'on tasse et que l'on tient toujours humide. — Biner une fois que les plants ont 10 cent. — Chausser et éclaircir les semis.

Pourpier vert et doré. — Annuel. — Fourniture de salade.

Même culture que celle du mois de mars.

Radis rond rose hâtif. — R. rond blanc. — R. gris d'été. — R. jaune d'été. — R. violet d'été. — R. demi-long écarlate. — R. demi-long rose, à bout blanc.

Même culture que celle du mois de mars.

Ray-fort sauvage ou champêtre.

Même culture que celle du mois de mars.

Scolyme d'Espagne. — Vivace et rustique.

On mange ses racines comme le salsifis ou le scorsonère; elles sont fusiformes, charnues, longues de 35 cent.

On sème clair dans une terre saine, douce, profonde et même compacte. — Produit en novembre.

Thym (touffes et graines).

On se sert de la tige et des feuilles pour aromatiser les mets (même culture que celle du mois d'avril).

Tomate ou pomme d'amour. — T. rouge grosse. — T. rouge naine hâtive. — T. jaune grosse. — T. poire et cerise. — T. à tige raide.

Même culture que celle du mois de mars.

SEMIS DE FLEURS

Abronia *umbellata*. — St. 150. — Annuelle (vivace en serre) ; grimpante ou massif, odorante, rustique. — Terre sablonneuse, légère. — Bonne exposition. — En août, fleurs rose lilacé.

Acanthe, *sans-épine*. — St. 80. — Vivace ; massif. — Croissant à l'ombre. — Terre franche et profonde. — 2me année, en juillet, fleurs blanc rosé, feuilles ornementales.

Aconit *napel*. — St. 110 — Vivace ; massif. — Terre douce, pierreuse et sèche. — Croissant à l'ombre. — 2me année, en juillet, fleurs bleues.

Adonide *d'été*. — St. 30. — Annuelle ; bordure. — Terre légère. — Toute exposition. — En juillet, fleurs rouge vif, noirâtre au centre.

Alstroemeria *chinensis*. — St. 75. — Vivace ; rustique, massif. — Croissant à l'ombre. — Terre légère et saine. — Exposition demi-ombragée. — En juillet, fleur d'un rose pâle avec du jaune rayé et flagellé de rose pourpre.

Amaranthe, *Crête-de-coq (Passe-velours)*. — St. 50. — Annuelle ; bordure. — Terre franche, légère. — Exposition chaude. — — En août, fleurs jaunes, rouges, violettes.

A. *gigantesque*. — St. 200. — Annuelle ; massif. — Terre franche, légère. — Exposition chaude. — En août, fleurs en longues grappes cramoisies.

A. *Queue-de-renard*. — St. 80. — Annuelle ; massif. — Terre humide. — Bonne exposition. — En août, fleurs jaunes ou rouges.

A. *tricolore*. — St. 100. — Annuelle; massif. — Terre riche, humide —Bonne exposition.'— En juillet, feuilles ornementales.

A. *mélancolique*. — St. 100. — Annuelle; massif. — Terre humide. — Bonne exposition. — En juillet, feuille d'un rouge vif.

Argémone *à grandes fleurs*. — St. 100. — Annuelle; rustique, massif. — Toute terre. — Toute exposition. — En juillet, fleurs blanc pur.

Asclepias *tuberosa* (les semis se font en terre de bruyère). — St. 60. — Vivace; massif, rocaille. — Terre franche, légère. — Exposition mi-ombragée de préférence. — 2me année, en août, fleurs en ombelle rouge safrané.

Aster *des Alpes*. — St. 20. — Vivace; rocaille. — Sol léger, profond et substantiel.—En juillet, fleurs bleues ou blanches.

Aubergine *blanche ou rouge*. — St. 50. — Annuelle. — Terre fumée et fraîche.— Bonne exposition. — En septembre, fruit d'ornement, ayant la forme d'un œuf de poule.

Balsamine *double*. — B. *Camellia*. — St. 50.— Annuelle; bordure.— Terre humide.—Bonne exposition.—En juillet, fleurs variées en couleurs.

Basilic *fin vert*. — B. *violet*. — B. *à feuille de laitue*. — St. 30. — Bordure, odorant. — Terre substantielle et fraîche. — Exposition chaude. — En juin, feuilles odorantes.

Belle-de-Jour. — Sp. 35. — Annuelle; bordure. – Terre légère, bien fumée. — Bonne exposition. — En juin, fleurs tricolores.

Belle-de-Nuit *hybride*. — B. *à longues fleurs*. Sp. 70. — Vivace; massif. — Terre légère et substantielle.— Croissant à l'ombre. — En juillet, fleurs en bouquets, variées en couleurs.

Benoîte *écarlate*.—St. 45.—Vivace; bordure.—Tout terrain.— Exposition chaude. — 2e année, en juin, fleurs d'un rouge vif.

Bouquet-parfait, *OEillet-de-poële*. — St. 40. — Trisannuel; bordure. — Terre légère et fraîche. — Toute exposition.— L'année suivante, en mai, fleurs disposées en bouquets, variées en couleurs.

Cacalie *écarlate*. — Sp. 40. — Annuelle ; bordure. — Terre légère. — Exposition chaude. — En août, fleurs d'un rouge vif.

Calandrinia *grandiflora*. — Sp. 15. — Vivace ; bordure. — — Terre légère. — Bonne exposition. — En juillet, fleurs rose violacé.

Capucine *grande*. — Sp. 175. — Grimpante. — Fleurs jaune orange. — C. *brune d'Alger*. — Sp. 200. — Grimpante. — Fleurs rouge brun. — C. *panachée*. — Sp. 175. — Grimpante. — C. *naine écarlate*. — Sp. 30. — Bordure. — C. *Tom-Pouce* jaune. — Sp. 40. — Bordure. — C. *des Canaries*. — Sp. 250. — Grimpante. — Fleurs petites, jaune soufre, feuillage élégant. — C. *lobbianum hybride*. — Sp. 400. — Grimpante. — Fleurs rouge sang, orange, pourpre ou jaune soufre.
 Les plantes de capucines sont annuelles, en plein air et vivaces, en serre. — Terre ordinaire. — Bonne exposition. — En juin, fleurs variées en couleurs.

Carthame *des teinturiers*. — Sp. 70. — Annuel ; massif. — Tout terrain. — Exposition chaude. — En août, fleurs d'un jaune safran.

Centaurée, *barbeau, bleuet*. — Sp. 40. — Annuelle ; massif. — Tout terrain. — Toute exposition. — En juillet, fleurs jaunes, blanches ou violettes.

Cinéraire *maritime*. — Sc. 60. — Vivace ; massif. — Toute terre. — Exposition abritée. — 2ᵐᵉ année, en juillet, fleurs jaunes.

Clarkia *pulchella*. — C. *à fleur double*. — Sp. 40. — Annuel ; massif. — Tout terrain. — Exposition au midi. — En juillet, fleurs nombreuses roses, à pétales en croix.

Clématite *à feuilles entières*. — St. 300. — Vivace ; grimpante. — Terre chaude, légère. — Exposition chaude et sèche. — L'année suivante, en mai, fleurs rose violacé.

Cobée *scandens*. — Sc. 900. — Annuelle (vivace en serre) ; grimpante. — Terre franche, légère. — Exposition chaude. — En été, fleurs violettes.

Coloquinte (*petites courges de diverses formes*). — St. 400. — Annuelle ; grimpante. — Terre chaude, légère. — Exposition chaude et sèche. — En juillet, fruits d'ornement.

Collinsia *bicolor*. — Sp. 25. — Annuel ; bordure. — Terre légère et fertile. — Toute exposition. — En juin, fleurs lilas et blanc.

Chrysanthème *des jardins*. — St. 90. — Annuel (vivace en serre) ; massif. — Tout terrain. — Bonne exposition. — En octobre, fleurs jaunes ou blanches.

C. *à carène*. — St. 50. — Annuel. — 2ᵐᵉ année, en juillet, fleurs tricolores ou blanches. ·

Coreopsis *elegans*. — St. 75. — Massif. — C. *de Drummond*. — St. 60. — Bordure. — Annuel. — C. *couronné*. — St. 40. — Terre ordinaire, fraîche. — Bonne exposition. — En juillet-août, fleurs jaunes tachées de brun.

Cosmos *bipinné*. — Sp. 130. — Annuel ; massif. — Terre légère. — Bonne exposition. — En juillet, fleurs rouges violacées ou rosées, feuillage élégant.

Courge *bouteille*. — C. *pélerine*. — C. *plate de Corse*. — C. *massue*. — C. *poire à poudre*. Sp. 300. — Annuelle ; grimpante. — Terre humide. — Bonne exposition. — En août, fruit d'ornement.

Concombre *serpent*. — St. — Annuel ; rampant. — Terre humide. — Bonne exposition. — En juillet, fruits d'ornements et d'utilité.

Concombre *arada*. — Sc. — Annuel ; grimpant. — Terre humide. — Bonne exposition. — En juillet, fruit d'ornement.

Crepis. — Sp. 25. — Annuel ; bordure. — Tout terrain. — Toute exposition. — En juillet, fleurs blanches, roses ou jaunes.

Cynoglosse *à feuilles de lin, Argentine*. — Sp. 30. — Annuelle ; bordure. — Tout terrain. — Toute exposition. — En août, fleurs en panicules blanches.

Croix-de-Jérusalem, *Lychnis*. — St. 50. — Vivace ; massif. — Terre franche, légère et fraîche. — Bonne exposition. — En juin, fleurs rouges éclatantes ou blanches.

Datura *fastuosa double*. — St. 90. — Annuel ; massif. — Terre légère. — Exposition chaude. — En août, fleurs doubles en cornet, blanc verdâtre ou blanches.

Delphinium *hybride*. — Sc. 60. — Vivace ; massif, rustique. — Terre légère et fraîche. — Bonne exposition. - · 2ᵐᵉ année, en juillet, fleurs bleues ou violettes.

Digitale. — St. 110. — Vivace ; massif. — Terre légère, sèche. — Exposition chaude. — 2ᵐᵉ année, en juin, fleurs pourpres ou blanches.

Dolique *d'Égypte, ligneux*. — Sp. 300. — Annuel ; grimpant. — Toute terre. — Exposition chaude. — En septembre, fleurs violettes ou blanches.

Enothère *de Drummond*. — St. 60. — Annuelle ou bisannuelle ;

massif, odorante.— Toute terre.— Bonne exposition.— En
août, fleurs d'un jaune paille. (Variété naine de 35 cent.)

Épervière.—St. 30. — Vivace ; bordure, traçante ; rocaille.—
Terre substantielle, saine et fraîche. — Croissant à l'ombre.—
2ᵐᵉ année, en juin, fleurs d'un jaune orange.

Escholtzia *Californica.* — Sp. 40. — Bisannuelle ; massif. —
Terre ordinaire. — Exposition au soleil. — En juillet, fleurs
jaune pur ou blanches.

Euphorbe. — Sp. 60. — Annuel ; massif. — Terre sèche et
légère. — Exposition chaude. — En août, feuilles ornementales panachées.

Giroflée *quarantaine, feuille cendrée.* — St. 30. — Annuelle.—
G. *quarantaine, feuille verte.* — St. 30. — Annuelle. — G. *à
grandes fleurs.*— St. 30.— Annuelle.— G. *naine, lilliputienne.*
— St. 20. — Annuelle. — G. *naine à bouquet.* — St. 20. —
G. *d'automne.* — St. 35. — Annuelle ; odorante, bordure.
—Terre fraîche, amendée. — Bonne exposition. — En août,
fleurs variées en couleurs.

Godetia *rubicunda.* — Sp. 75. — Annuel ; massif. — Terre
ordinaire. — Exposition chaude. — En juillet, fleurs roses et
pourpres.

Hugelia *cæruleus.*— Sp. 80. —Annuelle ; massif. — Terre
légère et fraîche. — Bonne exposition.— En août, fleurs bleu
de ciel, réunit en ombelles.

Haricot *d'Espagne.*— Sp. 400.— Grimpant.— Terre douce, légère et fraîche. — Bonne exposition.—En juin. fleurs rouges,
blanches ou tricolores.

Immortelle *globuleuse.*— St. 50.— Bordure.—Terre légère.—
Exposition chaude. — En juillet, fleurs d'un rouge violet,
blanches ou jaunes.
I. *à bractée jaune.* — St. 110. — Annuelle ou bisannuelle. —
Terre ordinaire. — Bonne exposition. —En juillet, fleurs jaune
doré.

I. *à grandes fleurs.* — St. 60. — Annuelle ; massif. — Terre
ordinaire. — Bonne exposition. — En juillet, fleurs roses.

Incarvillea *de la Chine.*— St. 80.— Bisannuelle.—Terre saine,
légère et à une bonne exposition. — 2ᵐᵉ année, en mai, fleurs
d'un rose éclatant, disposées en grappes lâches.

Ipomea *grandiflora (bona-nox).* — Sp. 300. — Vivace ; grimpante. — Terre légère, substantielle. — Exposition au midi.
— En août, fleurs blanches ou bleues.

Ipomée *quamoclit*. — Sp. 125. — Annuelle; grimpante. — En juin, fleurs écarlates. — I. *Nil*, *Michaux*. — Sp. 500. — Annuelle; grimpante. — En juin, fleurs bleues.— I. *limbata*. — Sp. 300. — Annuelle; grimpante. — En août, fleurs d'un violet foncé ou blanches. — I. *à feuilles de lierre*. — Annuelle. — 250. — En juillet, fleur d'un bleu azuré et blanchâtre. — I. *écarlate* — 350. — Annuelle. — En juillet, fleur rouge cocciné, à odeur agréable.
Terre légère, substantielle. — Exposition au midi.

Julienne *de Mahon*. — Sp. 25. — Annuelle; rocaille, rustique, odorante, bordure. — Toute terre. — Toute exposition. — En juin, fleurs lilas, violettes, blanches ou rouges.

Kaulfussia *ameloïdes*. — St. 20. — Annuelle; massif. — Terre franche, légère. — Bonne exposition. — 2me année, en avril, fleurs bleu d'azur.

Ketmie *d'Afrique*. — Sp. 50. — Annuelle; massif. — Terre douce. — Exposition ombragée. — En août, fleurs d'un blanc jaunâtre et brun.

Lavatère *à grandes fleurs*. — Sp. 100. — Annuelle; massif. — Terre substantielle et fraîche. — Toute exposition. — En août, fleurs roses ou blanches.

Linaire *à fleurs d'orchis*. — Sp. 30. — Annuelle; massif. — Toute terre de jardin.— Bonne exposition.— En juillet, fleurs en épi, pourpres, violacées.

Lin *à grandes fleurs*. — Sp. 30. — Annuel; bordure. — Terre meuble et bien fumée. — En juillet, fleurs d'un beau rouge éclatant.

Lobelia *ramosa*. — St. 30. — Annuel; bordure, rocaille. — Terre franche, légère et fraîche. — Exposition chaude. — En juillet, fleurs bleues intenses.

Lotier-Saint-Jacques. — St. 70. — Annuel (vivace en serre); massif. — Terre légère. — Exposition au midi. — En août, fleurs marron.

Lupin *de Cruikshank*. — Sp. 125. — Annuel.— En août, fleurs jaunâtre rosé.

L. *jaune odorant*.— Sp. 60. — Annuel; massif. — Toute terre. — Bonne exposition. — En août, fleurs jaunes.

L. *nain*. — Sp. 25. — Annuel; bordure et massif. — Toute terre.— Bonne exposition. — En août, fleurs blanches pointillées de bleu clair et jaune orange.

Malope *à grandes fleurs*. — Sp. 100. — Annuelle, massif. —

Terre ordinaire. — Toute exposition: — En juillet, fleurs roses violacées ou blanches.

Massette *à feuilles larges*. — St. 250. — Vivace ; aquatique et rustique. — Terre forte et humide. — Toute exposition. — En août, fleurs monoïques disposées en deux épis superposés, d'un brun noirâtre.

Matricaire *double*. — St. 60. — Vivace ; massif. — Terre légère. — Exposition au soleil. — 2me année, en juillet, fleurs blanches.

Mauve *d'Alger*. — Sp. 130. — Annuelle ; massif. — Terre légère, argileuse.—Bonne exposition.—En août, fleurs blanches striées de violet.

Maurandia *de Barclay*. — St. 250. — Annuelle (vivace en serre) ; grimpante. — Terre légère, substantielle. — Bonne exposition. — En juillet, fleurs bleues ou rouges.

Mimule *à grandes fleurs*. — St. 30. — Vivace ; rocaille. — Croissant à l'ombre.—Terre légère et humide. — En juillet, fleurs jaunes pointées de brun.

Myosotis, *Souvenez-vous-de-moi*. — Sp. 20. — Vivace ; rocaille, bordure.— Terre humide. — Toute exposition. — En juillet, fleurs bleu céleste.

Momordiqua *balsamina*. — St. 100. — Annuelle ; grimpante.—Terre humide. — Exposition chaude. — En août, fruit d'ornement.

M. *à feuilles de vigne*.— St. 200.— (Même culture.)

Muflier, *Gueule-de-loup*.— St. 70.— Vivace ; rustique, rocaille. massif. — Tout terrain. — Croissant à l'ombre. — En septembre, fleurs rouges, blanches ou panachées.

Nemophile.— Sp. 20.— Annuelle ; bordure.— Terre ordinaire. — Toute exposition. — En juillet, fleurs bleues, blanches ou maculées.

Nigelle, *Patte-d'araignée*. — Sp. 40. — Annuelle ; bordure. — Terre légère et chaude. — Toute exposition. — En août. fleurs bleues.

Œillet *de Chine double*. — St. 30. — Bisannuel ; bordure. — Terre franche et légère.—Bonne exposition.— En août, fleurs variées en couleurs.

Œ. *de Chine Heddwig*. — St. 35. — Annuel ; massif. — Terre légère. — Bonne exposition. — En août, fleurs pourpres. blanches ou roses.

Œ. *d'Inde grand.* — Œ. *d'Inde nain, Passe-velours.* — St. 30 à 60. — Annuel; massif. — Terre humide. — Exposition chaude. — En août, fleurs jaune vif ou jaune pourpre.

Œ. *de Gardner.* — St. 45. — Bisannuel; rustique, massif.— Terre ordinaire. — Bonne exposition. — 2me année, en juin, fleurs rose pourpre ou blanc rosé.

Œ. *mignardise* (Œ. plume). — St. 30. — Vivace; bordure, odorant. — Terre franche, meuble et terreautée. — Bonne exposition. — L'année suivante, en mai, fleurs variées en couleurs.

Œ. *double des fleuristes.*— Œ. *flamand.* — Œ. *remontant.* — Œ. *de fantaisie.*— St. 60. — Vivace; bordure, — Terre franche ameublée et terreautée. —2me année, en juin, fleurs variées en couleurs.

Pâquerette *simple des champs.* — P. *double des jardins.* — St. 10.—Vivace; bordure. — Terre franche, légère et fraîche. — Croissant à l'ombre. — 2me année, en mars, fleurs variées en couleurs.

Passe-rose, *rose trémière* (réussit aussi dans les sols très-secs, mais la floraison est moins belle.) — St. 250. — Vivace; rustique, massif. — Terre franche, légère, profonde et substantielle. — Exposition au midi. — 2me année, en juillet, fleurs variées en couleurs.

Petunia *hybride.* — St. 70.—Annuel (vivace en serre); bordure. —Terre meuble et légère. · Bonne exposition. — En août, fleurs variées en couleurs.

P. *odorant.* — St. 75. — Bisannuel ou vivace; bordure, rustique, rocaille. — Toute terre. — Toute exposition. — En août, fleurs violettes ou blanches.

Persicaire *du Levant.* — Sp. 200. — Annuelle; massif; aquatique. — Terre substantielle et fraîche. —Toute exposition.— En août, fleurs roses, rouges ou blanches.

Phacelia *bipinnatifida.* — Sp. 50. — Annuel; bordure. — Terre ordinaire. — Toute exposition.—En août, fleurs bleues.

Phygelius *capensis.* — St. 50. — Vivace; rocaille, massif ou bordure. —Terre légère et sableuse. — Repiquer en pot sous châssis. — 2me année, en juillet. fleurs pendantes d'un rouge verdâtre, rouge corail et jaune soufre.

Pied-d'alouette *nain.* — Sp. 40. — P.-d'a. *grand.* — Sp. 100. — Annuel; bordure. — Terre ordinaire. — Toute exposition. — En juin, fleurs en pyramide, variées en couleurs.

Pervenche *de Madagascar*. — Sc. 30. — Annuelle ; bordure (vivace en serre). — Terre franche, substantielle. — Bonne exposition. — En juin, fleurs roses ou blanches.

Primevère *des jardins*. — St. 15. — Vivace : bordure. — Terre franche, légère et fraîche. — Croissant à l'ombre. — L'année suivante, en mars, fleurs variées en couleurs.

Portulaca *grandiflora* (pourpier). — St. 15. — Terre légère, sablonneuse. — Peu d'arrosement. — En août, fleurs rouges, blanches, jaunes ou panachées.

Reine-Marguerite *pivoine*. — St. 50. — RM. *imbriquée pompon*. — St. 50. — RM. *imbriquée à rameaux étalés*. — St. 50. — RM. *chinoise*. — St. 90. — RM. *pyramidale*. — St. 60. — RM. *naine à bouquet*. — St. 20. — RM. *empereur-géante*. — St. 75. — RM. *couronnée*. — St. 50. — RM. *à aiguille*. — St. 40. — RM. *anémone*. — St. 40. — RM. *à fleurs de renoncule*. — St. 70. — RM. *à fleur de chrysanthème naine*. — St. 30. — Annuelle ; bordure ou massif. — Terre labourée et ameublie. — Bonne exposition. — En juillet, fleurs variées en couleurs.

Réséda *odorant*. — R. *à grandes fleurs*. — Sp. 30. — Bordure ; annuel : odorant (vivace en serre). — Toute terre. — Bonne exposition. — En juillet, fleurs verdâtres.

Sainfoin *d'Espagne*. — St. 100. — Vivace : odorant, massif. — Terre légère, saine et profonde au midi. En août, fleurs d'un rouge purpurin ou blanches.

Salpiglossis *hybride*. — Sp. 70. — Annuel ; massif. — Terre légère. — Exposition chaude. — En août, fleurs à fond blanchâtre strié de différentes couleurs.

Saponaire *de Calabre*. — Sp. 20. — Annuelle ; bordure. — Toute terre (de préférence un sol terreauté). — Bonne exposition. — En juin, fleurs rose vif.

Saxifrage *sarmenteuse*. — St. 30. — Vivace ; rustique, bordure. — Rocaille fraîche ; pour suspension. — Terre de bruyère ou terre franche, sableuse, saine. — Demi-ombragée. — En juillet, fleur en panicule pyramidale, d'un blanc pur taché de jaune ; feuilles ornementales.

S. *hypnoïde* (gazon turc). — St. 10. — Vivace ; bordure, rocaille. — Croissant à l'ombre. — Terre fraîche, saine. — En juillet, fleurs blanches.

Scabieuse *des jardins*. — Sp. 65. — Bisannuelle ; massif. — Terre meuble. — Exposition chuade. — En septembre, fleurs pourpres, roses ou panachées.

6

Sedum *de Siebold*.— St. 20.—Vivace ; rocaille.— Suspension ou jardinière.—Terre sèche. — Bonne exposition.— En octobre, fleurs petites rose tendre.

Silène *pendant*. — Sp. 30. — Annuelle ou bisannuelle ; bordure. — Terre légère. — Exposition chaude. — En juillet, fleurs d'un rose tendre.

S. *d'Orient*. — St. 60. — Bisannuelle ; bordure. — Craint l'humidité. — Terre très-saine, bien drainée. — Demande le grand air et le plein soleil. — En août, fleurs rose tendre en très-gros bouquet.

Soleil jaune, *à centre vert*. — S. *de Californie* (tournesol). — St. 200. — Annuel ; massif. — Tout terrain. — Toute exposition. — En juillet, fleurs doubles jaunes.

Souci *double à la reine*. — St. 50. — Annuel, rustique ; massif. — Toute terre. — Toute exposition. — En septembre, fleurs abondantes d'un jaune clair tachées de teintes brunâtres.

Thlaspi *odorant*.—T. *violet foncé nain*. — Sp. 30. — Annuel ; bordure. — Tout terrain. — Toute exposition. — En juillet, fleurs violettes ou blanches.

Trachelium *cœruleum*. — St. 40. — Bisannuelle ; massif, rocaille (repiquer en pot sous châssis). — Terrain très-sain et drainé. sableux, léger et perméable. — En juin, fleurs bleu violacé.

Valériane *d'Alger*. —St. 30. — Annuelle ; bordure. —Croissant à l'ombre. — Terre légère. — En juillet, fleurs rouges.

Violette *des quatre saisons*. — St. 15. — Vivace ; odorante, bordure. —Croissant à l'ombre. — Terre douce et humide. — L'année suivante, en mars, fleurs simples violettes.

Viscaria *oculata*.— Sp. 40.— Annuel ; bordure.— Terre ordinaire.—Exposition au midi.—En juillet, fleurs roses à centre pourpre.

Zauschnerias *Californica*. — 25. — Vivace (semis en terre de bruyère ; repiquer en pot sous châssis). — Sol léger. — Exposition chaude. — 2me année, en juillet, fleurs d'un beau rouge cocciné, disposées en épi lâche.

Zinnia *élégant simple*. — Z. *double*. — St. 70. — Z. *du Mexique simple* (haut de 40 cent. ; en juillet, fleurs d'un jaune orange). — Les Zinnias sont annuels ; massifs. —Croissant à l'ombre. —Terre ordinaire et fraîche. — En juillet, fleurs variées en couleurs.

JUIN

TRAVAUX DE CE MOIS

Biner la terre avec la bêche pour les fortes plantes, et avec la binette pour les plantes à petites racines.

On doit attacher les chicorées frisées et scaroles pour les faire blanchir.

On pince les plantes herbacées de pleine terre qui demandent à être taillées, telles que tomates, courges, melons, etc.

Dans ce mois, on récolte tous les légumes au fur et à mesure qu'ils arrivent à maturité complète.

On peut encore mettre en place d'autres chicorées frisées, scaroles, céleris, tomates, melons, aubergines, cardons, patates. (Faire le repiquage le soir, de préférence, et avoir soin, le lendemain, de couvrir les jeunes plants, si l'on veut obtenir une bonne et prompte reprise.)

On entretient les carrés par des binages et des sarclages.

On doit donner aux planches ou carrés la plus grande épaisseur possible de terre meuble.

Pour donner une reprise plus certaine aux plantes que l'on transplante, on doit bien les tasser de terre autour.

Pendant ce mois, on récolte les pommes de terre, tomates, asperges, artichauts, pois, carottes, fraisiers.

Après la production, on enlève les œilletons aux plantes d'artichauts.

Les travaux de couches étant terminés, on enlève les coffres et les châssis pour les renfermer et les mettre à l'abri du mauvais temps.

On peut greffer en écussons les pêchers, abricotiers, pruniers.

La sécheresse se faisant rudement sentir pendant ce mois, surtout dans nos pays méridionaux, on doit arroser copieusement deux fois par jour, matin et soir, pour donner de la vigueur aux plantes potagères et assurer la récolte des fruits.

On récolte les melons de première plantation ; on doit surveiller ceux de la deuxième saison, afin d'avoir une bonne récolte.

On fauche de nouveau les gazons.

On fauche les trèfles en vert pour donner aux bestiaux, et on fait sécher le surplus pour l'hiver.

On fauche aussi le sainfoin ; on prépare les aires pour battre les céréales.

Vérifier les arbres fruitiers, afin qu'ils donnent de bons résultats. Si les arbres ont des fruits en abondance, on doit détruire les fruits les moins gros : cette opération se fait quand on n'a plus à craindre qu'ils ne tombent naturellement par les rigueurs de la saison.

La récolte des céréales a lieu dans ce mois.

On a reconnu que le pincement du figuier développe le fruit et le bois.

Les bulbes, les greffes et les oignons à fleurs dont les feuilles sont sèches peuvent s'enlever de terre, en les faisant séjourner quelques heures au soleil avant de les rentrer.

SEMIS DE POTAGER

Tous les semis de ce mois se font en plein air.

Capucine grimpante.

Ses fleurs servent à orner les salades; les graines encore vertes peuvent se confire au vinaigre et s'emploient en assaisonnement (Voir la culture aux semis de fleurs).

Carotte.

(Pour les variétés et la culture voir le mois de mars). — On récolte les courtes et demi-longues en août, les longues en octobre.

Céleri plein rouge.

On sème dans une terre douce. — Quand les plants ont atteint 15 cent., on repique à 50 cent. en rayons, espacés de 75 cent. — Demande beaucoup d'engrais. — On récolte en novembre

Cerfeuil commun. — C. frisé.

On sème en place, par planches, par rayons ou par bordures. — Exposition au Nord. — Terre douce. — Arrosements et sarclages fréquents. — On doit recouvrir très-peu la graine en terre. — On récolte en juillet.

Champignon (blanc de).

(Voir la culture à l'air libre du mois de mai.)

Chicorée frisée d'Italie. — C. frisée de Meaux. — C. très-frisée mousse. — C. frisée, corne-de-cerf.

Même culture que celle du mois de mars. — On récolte en août.

Chicorée à couper, amère. — C. toujours blanche. — C. amère, améliorée.

Même culture que celle du mois de mars. — On récolte en juillet

Chou pommé blanc de Vaugirard , d'hiver (production l'année suivante, en janvier). — C. pommé rouge (production en novembre).

Chou frisé de Milan , court, hâtif d'Ulm. — C. frisé, gros. des vertus. — C. frisé doré (production en octobre-novembre).

Chou à jets de Bruxelles (production en novembre).

Chou-fleur gros dur, tardif.— C. brocolis violet.

Pour récolter l'année suivante en mars

Culture de tous les choux.— Les semis se font très-clair.— Quand les plants ont quelques feuilles, on les repique à distance de 80 à 90 cent. en rayons espacés de 1 mètre — Terre bien fumée et un peu consistante. — Arrosements fréquents. — Sarcler.

Chou-navet turneps ou de Laponie.

Sa racine se produit en terre. — Les semis se font très-clair à la volée, en place, sans repiquage. — On récolte en octobre.

Chou-rave (sa racine se produit hors de terre).

On sème dans une terre douce pour repiquer à 80 cent. de distance. — On récolte en septembre.

Chou chinois ou Pé-tsai. — Annuel.

On mange les feuilles cuites, qui sont moins indigestes que celles du chou. Les jeunes feuilles s'emploient comme épinard. — On sème en place, par planche, clair, à la volée, sans repiquage.— Recouvrir très-peu la graine — On récolte en août.

Ciboule vivace.

Même culture que celle du mois de janvier. — On récolte en septembre-octobre.

Cresson de fontaine.

Même culture que celle du mois d'avril.

Cresson alénois, menu de Paris.—C. frisé.— C. larges feuilles.

On sème en place, par planches ou par bordures, dans tous les terrains, à toutes les expositions. — On cueille en juin-juillet.

Haricot nain sabre.—H. suisse.— H. de la Chine.—H. gourmand blanc. —H. bagnolet. — H. de Soissons nain.—H. canieu ou bouquetier.— H. dolique banette.

Haricot à rames asperge.— H. riz.— H. beurre noir d'Alger. — H. coco blanc.— H. côco bigarré.—H. coco rouge de Prague.—H. prédomine ou prud'homme. — H. de Soissons, à rames.

Même culture que celle du mois de mars.

Laitue romaine blonde. — L. romaine alphange. — L. monstrueuse. — L. à feuille d'artichaut.

Laitue pommée, palatine ou brune hollandaise.

On sème les laitues rondes et longues dans un carré préparé d'a-
vance, pour repiquer les plants en place (une fois qu'ils ont obtenu
cinq feuilles à 35 cent. de distance), dans une terre fraîche, légère
substantielle. — Arrosements fréquents. — On récolte en août-septembre.

Moutarde noire et blanche.

Ses jeunes feuilles s'emploient en fourniture de salade, et l'on se
sert de sa graine triturée comme assaisonnement ou comme remède. —
On sème en place. — Demande une terre profonde et fraîche. — On
récolte en juillet.

Oignon blanc hâtif. — O. blanc gros de Lisbonne. — O. gros
de Madère ou de Bellegarde. — O. fusiforme ou corne-de-
bœuf. — O. rouge foncé. — O. rouge pâle. — O. jaune des
vertus.

On sème à la volée ou en lignes, par planches préparées d'avance
par de bons labours, fumées copieusement. — Repiquer lorsque les
plants sont de la grosseur d'un tuyau de plume, à 20 cent. de distance,
en tout sens, en rayons espacés de 60 cent. — Terre substantielle et légère. — Sarclages et arrosements fréquents. — On récolte en septembre et octobre.

Oseille large de Belleville. — O. patience ou O. épinard.

Même culture que celle du mois de février.

Persil ordinaire. — P. nain très-frisé. — P. à grosse racine.
— P. gros de Naples.

Même culture que celle du mois de mai. — On récolte en août.

Pissenlit, Dent-de-lion.

Même semis que ceux du mois d'avril.

Poireau long. — P. gros court de Rouen. — P. court du Midi.

Même culture que celle du mois de février.

Pourpier vert et doré. — Fourniture de salade.

Même culture que celle du mois de mars.

Pois à écosser à rames, de Clamard. — P. d'Auvergne ou
serpette. — P. ridé ou de Knight. — P. gros vert normand.

Même culture que celle du mois de mai. — On récolte en août-
septembre.

Radis rond rose hâtif. — R. rond blanc hâtif. — R. gris d'été.
— R. jaune d'été. — R. violet d'été. — R. demi-long écarlate.

— R. rose à bout blanc. — R. gros noir d'hiver. — R. rose d'hiver, de Chine. — R. demi-long blanc d'Augsbourg.

Même culture que celle du mois de mars. — On récolte les ronds et demi-longs en juin-juillet, ceux d'hiver en septembre.

Raiponce. — Bisannuelle.

On mange les racines et les feuilles en salade. — On sème en place sur une terre bien labourée et ameublie. — Sa graine, très-fine, doit être mêlée avec du sable pour semer régulièrement. — On couvre le semis avec du terreau. — On arrose légèrement afin que la terre soit toujours humide. — On récolte en décembre.

Scolyme d'Espagne.

Même culture que celle du mois de mai.

Tomate poire. — T. cerise (grimpante).

Même culture que celle du mois de mars.

SEMIS DE FLEURS

Acanthe, *sans épines*.—St. 80.— Vivace : massif.— Croissant à l'ombre.— Terre franche et profonde. — 2me année, en août, fleurs blanc rosé, feuilles ornementales.

Aconit *napel*. — St. 110. — Vivace ; massif. — Terre douce, pierreuse et sèche. — Croissant à l'ombre. — 2me année, en août, fleurs bleues.

Balsamine *double*. — B. *camellia*. — St. 50. — Annuelle ; bordure. — Terre humide. — Bonne exposition. — En août, fleurs variées en couleurs.

Basilic *fin vert*.— B. *violet*.— B. *à feuilles de laitue*.— St. 50. — Bordure, odorant. — Terre substantielle et fraîche. — Exposition chaude. — En juin, feuilles odorantes.

Belle-de-nuit *hybride*.—B. *à longues fleurs odorantes*.—Sp. 70. — Vivace ; massif. — Terre légère et substantielle. — Croissant à l'ombre. — En août, fleurs variées en couleurs.

Benoîte *écarlate*. —St. 45. — Vivace : bordure.—Tout terrain. — Exposition chaude. — L'année suivante, en juin, fleurs d'un rouge vif.

Capucine *grande* (fleurs jaune orange). — 175. — Grimpante C. *brune d'Alger* (fleurs rouge brun). 200. — Grimpante. — C. *panachée*.—175. — Grimpante.— C. *naine écarlate*.— 30 — Bordure.— C. *Tom-Pouce jaune*. — 40. — Bordure. Cette plante est annuelle en plein air et vivace en serre. —

Terre ordinaire. — Bonne exposition. — En juillet-août, fleurs variées en couleurs.

Giroflée *jaune ou violier.*—G. *jaune à fleurs violettes.*—G. *jaune à fleurs brunes.* — G. *jaune à fleurs doubles.* — St. 50. — Vivace ; rustique, bordure, rocaille. — Tout terrain. — Toute exposition. — L'année suivante, en avril, fleurs violettes ou brunes.

G. *cocardeau d'hiver.*—St. 40.—Bisannuelle ; odorante, bordure. — Terre franche, amendée. — Bonne exposition. — L'année suivante, en avril, fleurs rouges, blanches ou violettes.

G. *grosse espèce d'hiver.* — St. 60. — Bisannuelle ; odorante, bordure. — Terre franche, amendée. — Bonne exposition. — L'année suivante, en avril, fleurs variées en couleurs.

G. *empereur perpétuelle.* — St. 35. — Bisannuelle ; odorante, bordure. — Terre franche, amendée.— Bonne exposition. — L'année suivante, en avril, fleurs variées en couleurs :

Haricot *d'Espagne.* — Sp. 400. — Grimpant. — Terre douce, légère et fraîche. — En août, fleurs blanches, rouges ou tricolores.

Lophosperme. —St. 300. — Annuel (vivace en serre) ; grimpant.— Terre saine, légère.— Bonne exposition.— En août, fleur rose foncé, maculée de blanc.

Œillet *mignardise.* — St. 30. — Vivace ; bordure, odorant. — Terre franche, meuble et terreautée. — Bonne exposition.— L'année suivante, en mai, fleurs variées en couleurs.

Primevère *des jardins.* — St 15. — Vivace ; bordure.—Terre franche, légère et fraîche. — Croissant à l'ombre. — L'année suivante, en mars, fleurs variées en couleurs.

P. *de la Chine, ordinaire.* — *P. frangée.* — St. 30. — Repiquer en pot. — Vivace ; serre. — Terre de bruyères. — Exposition au midi.—L'année suivante, en janvier, fleurs roses ou blanches.

Portulaca *grandiflora.* — St. 15. — Terre légère, sablonneuse. — Peu d'arrosement. — En août, fleurs rouges, blanches, jaunes ou panachées.

Réséda *odorant.* — R. *à grandes fleurs.* — Sp. 30. — Annuel ; bordure. — Toute terre. — Bonne exposition. — En juillet, fleurs verdâtres.

Valériane *d'Alger.* — St. 30. — Annuelle ; bordure. — Croissant à l'ombre. — Terre douce et humide. — En août, fleurs rouges.

Véronique. — St. 40. — Vivace ; massif. — Terre légère, substantielle. — Toute exposition. — L'année suivante, en mai, fleurs bleues.

JUILLET

TRAVAUX DE CE MOIS

On termine la coupe des blés ; on forme des bottes de gerbes. Si le temps est beau, on foule le grain dans les aires.

Pendant les fortes chaleurs qui règnent à cette époque, on doit arroser copieusement toutes les plantes et principalement celles du potager, si l'on désire qu'elles soient productives.

Pendant ce mois, les produits viennent plus promptement.

On repique en place les plantes qui demandent à être transplantées, telles que celles de choux-fleurs, choux frisés, céleris, chicorées frisées et scaroles.

Dans cette saison, tous les carrés du potager doivent être employés, et dès qu'une récolte est terminée, on se met en mesure de la remplacer par une autre ; on doit donc, dans ce cas, travailler le terrain pour les semis ou repiquage.

A cette époque, on écussonne à œil dormant ; on palisse et on ébourgeonne les arbres fruitiers.

On continue la taille des melons et tomates cultivés en plein air.

Dans ce mois, le cerfeuil et l'épinard montent promptement, et on les conserve difficilement à cause des grandes chaleurs ; cependant on peut encore en obtenir à l'aide de semis fréquents faits à l'ombre. — La tétragone qui aura été semée en janvier produira pendant tout ce mois des épinards d'été.

Les fraises anglaises non remontantes ont fini de produire, mais celles des Alpes fournissent jusqu'aux gelées.

Ainsi que nous l'indiquons dans le mois précédent, on ne peut semer ni planter sur couche à cette époque ; seulement, les plantes qui s'y trouvent demandent de copieux arrosements.

On doit ôter des fruits aux arbres qui en sont trop surchargés.

On récolte par un temps calme et sec les graines qui sont assez mûres pour être enlevées des porte-graines.

Pendant tout l'été, les laitues, chicorées, etc., se repiquent de préférence dans des vaseaux et non sur des raies.

SEMIS DE POTAGER

Tous les semis de ce mois se font en plein air.

Angélique officinale. — Vivace.

On confit au sucre les tiges et les côtes, que l'on mange aussi comme légumes, crues ou cuites avec la viande et le poisson. — On sème dans une terre douce (recouvrir très-peu le semis avec du terreau), pour repiquer en place dans une terre substantielle, fraîche et humide. — Distancer les plants de 60 cent. en tous sens. — Binage et arrosement. — Produit l'année suivante, en avril-mai.

Carotte rouge courte grosse. — C. rouge très-courte (C. toupie). — C. demi-longue. — C. jaune courte grosse.

On sème très-clair en place et à la volée, par planches et vaseaux, fou bien par rayons en ligne, espacés de 20 cent. — Demande une terre nche, légère et douce.— Point d'engrais récent (couvrir le semis pour que les graines lèvent convenablement). — On récolte en septembre.

Cerfeuil commun. — C. frisé.

Même culture que celle du mois de juin. — On récolte en août.

Chicorée frisée d'Italie.— C. frisée de Meaux.—C. très-frisée mousse. — C. frisée de Rouen ou corne-de-cerf.—C. scarole verte et blonde.

Même culture que celle du mois de mars. — On récolte en septembre.

Chicorée amère, à couper. — C. amère, améliorée.

Même culture que celle du mois de mars. — On récolte en août.

Champignon (blanc de).

(Voir la culture à l'air libre du mois de mai).

Chou pommé ou cabus d'hiver de Vaugirard.— C. rouge.

Production l'année suivante en février.

Chou frisé de Milan, gros, des vertus. — C. frisé ordinaire du pays

Production en décembre.

Chou à jets de Bruxelles

Production en décembre.

Chou-fleur gros dur tardif. — C. brocolis blanc.

Production l'année suivante en mars.
Culture de tous les choux. — Les semis se font très-clair. — Quand les plants ont quelques feuilles, on les repique à distance de 80 à 90 cent. en rayons espacés de 1 mètre. — Terre bien fumée et un peu consistante. — Arrosements fréquents. — Sarcler.

Chou-navet ou turneps.

Sa racine se produit en terre.
Les semis se font très-clairs à la volée, en place, sans repiquage. — On récolte en octobre.

Chou-rave.

Sa racine se produit hors de terre.
On sème dans une terre douce pour repiquer à 80 cent. de distance. — On récolte en septembre.

Chou chinois ou Pé-tsai.

Même culture que celle du mois de juin.

Ciboule vivace.

Même culture que celle du mois de janvier. — On récolte en octobre.

Cresson alénois ordinaire. — C. frisé. — C. doré. — C à larges feuilles.

On sème en place, par planches ou par bordures dans tous les terrains, à toutes les expositions. — On cueille en juillet-août.

Cochlearia officinal. — Vivace.

On peut manger les feuilles radicales en salade; mais on se sert plutôt de cette plante (qui est antiscorbutique) en médecine. — On sème en place, clair, dans une terre humide et de bonne qualité. — On cueille en septembre.

Capucine grimpante.

Ses feuilles servent à orner les salades; les graines encore vertes peuvent se confire au vinaigre et s'emploient en assaisonnement (Voir la culture au semis de fleurs).

Fraisier.

Multiplication par œilletons pour mettre sous châssis en octobre.
Si l'on désire avoir pour le mois d'octobre des plantes de fraisier pour la culture forcée, on doit, dès ce mois, prendre des œilletons, que l'on plante en plein air dans bonne terre. — On les place deux à deux à 25 cent. de distance. (Pour la culture sous châssis voir le mois d'octobre.)

Haricot nain canieu ou bouquetier. — H. de Soissons nain. — H. dolique banette nain.

Haricot à rames riz. — H. coco blanc. — H. coco marbré. — H. coco bicolor. — H. rouge de Prague. — H. prud'homme. — H. sabre. — H. de Soissons, à rames.

Même culture que celle du mois de mars.

Lavande.

Ses fleurs répandent une odeur forte, suave et aromatique. On emploie les épis fleuris en médecine.

Les semis se font dans une terre légère; plus tard on repique en bordure — Une terre sèche, légère, chaude et une bonne exposition lui conviennent très-bien. — La floraison a lieu en juillet.

Laitue romaine blonde. — L. romaine à feuille d'artichaut. — L. alphange. — L. monstrueuse.

Laitue pommée palatine ou brune hollandaise.

Même culture que celle du mois de juin. — Production en septembre-octobre.

Navet sec de Fréneuse. — N. sec de Meaux. — N. sec jaune long. — N. tendre blanc plat hâtif. — N. tendre rouge plat. — N. tendre, turneps ou rave. — N. tendre long blanc, des vertus. — N. mi-tendre boule d'or. — N. mi-tendre jaune de Finlande. — N. mi-tendre jaune de Hollande. — N. mi-tendre noir plat.

Culture. — Semer très-clair, en place et à la volée. — Éclaircir les semis et sarcler tout terrain. — Point d'engrais récent. — Les navets tendres et mi-tendres réussissent très-bien dans les terres fortes. — On récolte en septembre.

Oignon blanc hâtif de Nocéra. — O. blanc gros de Lisbonne. — O. gros de Madère. — O. fusiforme ou corne-de-cerf. — O. rouge foncé. — O. rouge pâle de Niort. — O. jaune des vertus.

Même culture que celle du mois de juin.

Oseille large de Belleville. — O. épinard ou patience.

Même culture que celle du mois de février. — On récolte en septembre-octobre.

Persil ordinaire. — P. nain très-frisé. — P. à grosse racine. — P. gros de Naples.

Même culture que celle du mois de mai. — On cueille en septembre.

Poireau long. — P. gros court de Rouen. — P. court du Midi.

Même culture que celle du mois de février. — On récolte en décembre.

Poirée à carde blanche, rouge, jaune, frisée.—P. petite blonde ou bette.

Même culture que celle du mois d'avril. — On récolte en octobre.

Pourpier vert et doré. — Annuel. — Fourniture de salade.

Même culture que celle du mois de mars. — On récolte en août.

Radis rond rose hâtif.— R. rond blanc hâtif.— R. gris d'été. — R. jaune. — R. violet. — R. demi-long écarlate. — R. demi-long à bout blanc.— R. demi-long gros d'Augsbourg.— R. gros noir d'hiver. — R. rose d'hiver, de Chine.

Même culture que celle du mois de mars. — On récolte les ronds et demi-longs en juillet-août, ceux d'hiver en octobre.

Raiponce. — Bisannuelle. — On mange les racines et les feuilles en salade.

Même culture que celle du mois de juin. — On récolte l'année suivante en février.

Scolyme d'Espagne.

Même culture que celle du mois de mai.

SEMIS DE FLEURS

Acanthe *sans épines*.— St. 80.— Vivace ; massif.— Croissant à l'ombre. — Terre franche et profonde. — 2me année, en septembre, fleurs blanc rosé, feuilles ornementales.

Aconit *napel*. — St. 110. — Vivace ; massif. — Terre douce, pierreuse et sèche.—Croissant à l'ombre.— L'année suivante, en août, fleurs bleues.

Ancolie *double des jardins (aquilegia)*.— St. 90.— Vivace ; rustique, massif. — Croissant à l'ombre.— Terre substantielle. —L'année suivante, en juillet, fleurs pendantes rouges, blanches ou panachées.

Asclepias *tuberosa* (les semis se font en terre de bruyère).— St. 60.— Vivace ; massif, rocaille. — Terre franche, légère. — Exposition mi-ombragée de préférence. — 2me année, en septembre, fleurs en ombelle rouge safrané.

Baguenaudier *d'Éthiopie*. — St. 70.—Semis en terrine ; repiquer en pot sous châssis ; transplanter en place en mars.—En avril, fleurs écarlates disposées en grappes.

Benoite *écarlate*. — St. 45. — Vivace ; bordure. — Tout terrain.— Exposition chaude.— L'année suivante, en juin, fleurs d'un rouge vif.

Chrysanthème *des jardins*. — 110. — Annuelle (vivace en serre). — L'année suivante, en juillet, fleurs jaunes ou blanches.

C. *à carène*. — 50. — Annuelle.— L'année suivante, en juillet, fleurs tricolores ou blanches.— St.— Massif.— Tout terrain. — Bonne exposition·

Coquelourde, *Rose-du-ciel*. — St. 60. — Annuelle; bordure. — Terre légère. — Bonne exposition. — L'année suivante, en juin, fleurs pourpre ou rose tendre.

C. *des jardins*. — St. 90.—Vivace ; massif.—L'année suivante, en juillet, fleurs blanches ou rouges.

Cuphéa.— St. 50.—Vivace ; massif, serre. — Repiquer en pot. — Terre légère et franche. — Bonne exposition. — L'année suivante. fleurs violettes, jaunes ou rouges.

Capucine *grande*.—Sp. 175. Grimpante.—Fleurs jaune orange. — C. *brune d'Alger*.— Sp. 200.— Grimpante.—Fleurs rouge brun. — C. *panachée*. — Sp. 175. — Grimpante.— C. *naine écarlate*. — Sp. 30. — Bordure. — C. *Tom-Pouce* jaune. — — Sp. 40.
Cette plante est annuelle en plein air et vivace en serre. — Terre ordinaire. — Bonne exposition. — En août, fleurs variées en couleurs.

Cinéraire *hybride*. — Sc. 40. — Semis en terrine.— Repiquer en pot. — Annuel et vivace ; massif (serre). — Terre de bruyères humide.—Exposition ombragée.—L'année suivante, en janvier, fleurs variées en couleurs.

Eccremocarpus *scaber*. — St. 450. — Vivace ; grimpante , rocaille. — Exposition abritée et chaude. — L'année suivante, en juillet, fleurs rouge orange brillant.

Epervière.— St. 30. — Vivace; bordure, traçante, rocaille.— Terre substantielle, saine et fraîche. — Croissant à l'ombre. — L'année suivante, en juin , fleurs d'un jaune pur ou blanches.

Eupatorium. — St. 70.— Vivace (serre). — Repiquer en pot sous châssis. — Fleurs bleu pâle.

Gaillarde. — St. 40. — Vivace : massif. — Repiquer en pot sous-châssis ou en serre (avec du terreau).— Transporter en

plein air en avril.— Terre légère, sèche.—Toute exposition.
— L'année suivante, en juin, fleurs jaune orange et pourpre.

Gaura *lindheimeri*.—Sp. 150.— Vivace ; massif.— Exposition
chaude. — Terre perméable. — L'année suivante, en juillet,
fleurs blanches et rouge carmin.

Gentiane *à grandes fleurs*. — St 130. — Vivace ; aquatique. —
Terre sableuse, fraiche. — Croissant à l'ombre. — L'année
suivante, en juillet, fleurs jaunes.

Giroflée *jaune ou violier*. — G. *à fleurs violettes*. — G. *à fleurs
brunes*. — G. *à fleurs doubles*. — St. 50.
Vivace ; rustique, bordure, rocailles. — Tout terrain. — Toute
exposition. — En avril, fleurs violettes ou brunes.

G. *cocardeau d'hiver*.—St. 40.—Bisannuelle ; odorante, bordure.
— Terre franche, amendée. — Bonne exposition. — L'année
suivante, en avril, fleurs rouges, blanches ou violettes.

G. *grosse espèce d'hiver*.—St. 60.—Bisannuelle ; odorante, bordure. — Terre franche, amendée. — Bonne exposition. —
L'année suivante, en avril, fleurs variées en couleurs.

G. *empereur perpétuelle*. — St. 35. — Bisannuelle ; odorante,
bordure. — Terre franche, amendée. — Bonne exposition. —
L'année suivante, en avril, fleurs variées en couleurs.

Ipomopsis *elegans*. — St. 150. — Bisannuel ; massif. — Terre
légère. — Bonne exposition. — L'année suivante, en juillet,
fleurs rouges.

Lin *vivace*. — St. 55. — Massif. — Terre ordinaire. — Bonne
exposition. — En juin, fleurs d'un bleu céleste.

Lophosperme. — St. 300. — Annuel (vivace en serre) ; grimpant. — Terre saine légère.— Bonne exposition. — En septembre, fleur rose foncé, maculée de blanc.

Matricaire *double*. — St. 60. — Vivace ; massif. — Terre
légère. —Exposition au soleil. —L'année suivante, en juin,
fleurs blanches.

Muflier, *gueule-de-loup*.—St. 70.—Vivace ; rustique, rocaille,
massif. — Tout terrain. — Croissant à l'ombre. — L'année
suivante, en juin, fleurs rouges, panachées ou blanches.

Œillet *double, des fleuristes*. — Œ. *flamand*. — Œ. *remontant*.
— Œ. *de fantaisie*. — St. 60. — Vivace ; bordure. — Terre
franche, ameublie et terreautée.— L'année suivante, en juin,
fleurs variées en couleurs.

Œ. *mignardise*. — St. 30. — Vivace ; bordure, odorante. — Terre franche, meuble et terreautée.— Bonne exposition. — 2me année, en mai, fleurs variées en couleurs.

Potentille *du Nepaut.* —St. 60. — Vivace ; massif. — Terre douce et légère. — Croissant à l'ombre. — L'année suivante, en mai, fleurs rose clair laqué. (On peut semer sur couche en mars.)

Primevère *des jardins*. — St. 15.— Vivace ; bordure.— Terre franche, légère, fraîche. — Croissant à l'ombre. — L'année suivante, en mars, fleurs variées en couleurs.

P. *de la Chine ordinaire.*— P. *de la Chine frangée.*— St. 30.— Repiquer en pot. — Vivace ; serre. —Terre de bruyères.— Exposition au midi. — L'année suivante, en février, fleurs roses ou blanches.

Pâquerette *simple des champs.*—P. *double des jardins.*—St. 10. —Vivace ; bordure.— Terre franche, légère, fraîche.—Croissant à l'ombre. — L'année suivante, en août, fleurs variées en couleurs

Passe-rose, *rose trémière* (réussit aussi dans les sols très-secs, mais la floraison est moins belle). — St. 250.—Vivace ; rustique, massif.— Terre franche, légère, profonde, substantielle. — Exposition au midi. — L'année suivante, en juillet, fleurs variées en couleurs.

Penstemon.— St. 75. — Vivace ; massif. —Terre franche. — Toute exposition.— L'année suivante, en mai, fleurs carmin et pourpre.

Phlox *decussata*. —St. 60.— Vivace ; massif.—Terre ordinaire. — Bonne exposition. — L'année suivante, en juillet, fleurs variées en couleurs.

Salvia *coccinea splendens* (sauge). — St. 100. — Repiquer en pot. — Annuelle, (vivace en serre). — Terre substantielle.— Bonne exposition. — L'année suivante, en septembre, fleurs en épis écarlate vif.

S. *argentea* (sauge). — St. 70.— Bisannuelle. — L'année suivante, en juillet, fleurs blanches.

Violette *des quatre saisons*. — St. 15. — Vivace ; odorante, bordure. — Croissant à l'ombre. — Terre douce et humide. L'année suivante, en mars, fleurs simples,violettes.

Véronique.—St. 40. — Vivace ; massif.— Terre légère, substantielle. — Toute exposition. — L'année suivante, en mai, fleurs bleues.

AOUT

TRAVAUX DE CE MOIS

On termine de fouler les grains des céréales.

On doit s'occuper spécialement des arrosements qu'exige journellement la culture maraîchère et les plantes d'ornement ; il faut faire aussi des binages et ôter les mauvaises herbes qui nuisent à la vigueur des plantes.

Dans ce mois, on cure les fosses, les mares.

On commence à butter les céleris et les cardons pour les faire blanchir, au fur et à mesure que les plantes croissent.

Les arbres résineux peuvent se transplanter à cette époque.

On récolte une grande partie des graines qui sont en pleine maturité. On fait la récolte des pommes de terre.

On commence à faire des meules de champignons à l'air libre.

On profite, quand le temps menace pluie, pour repiquer les plantes qui demandent à être changées de place.

On doit toujours arroser les plantes qui ont été repiquées, telles que celles de choux frisés, céleris, chicorée frisée, scaroles.

C'est le mois le plus convenable pour étudier son terrain, afin d'en connaître les inconvénients et les avantages. Il y a des expositions exceptionnelles qui produisent des pois, des fèves, des haricots jusqu'aux gelées. Il y a certain terrain où il faut faire les semis d'automne quinze jours plus tôt ou plus tard que dans d'autres. C'est au jardinier à se rendre compte de la position, bonne ou mauvaise, pour pouvoir faire tel ou tel semis, mettre telle plante au lieu de telle autre.

La greffe des boutons à fruits a lieu dans ce mois. Les avantages de cette greffe sont de mettre à fruits les arbres les plus difficiles à produire, et d'obtenir une récolte abondante et des fruits supérieurs en qualité.

Continuer la greffe en écussons ; vérifier les arbres qui ont été greffés le mois précédent, et desserrer les liens si on le juge convenable.

On greffe en écusson à œil dormant les amandiers, les abricotiers.

7

SEMIS DE POTAGER

Tous les semis de ce mois se font en plein air.

Angélique officinale.

Même culture que celle du mois de juillet.

Capucine grimpante.

Ses feuilles servent à orner les salades. Les graines encore vertes peuvent se confire au vinaigre et s'emploient en assaisonnement. (Voir la culture aux semis de fleurs.)

Carotte rouge, courte, grosse. — C. très-courte rouge, ronde, hâtive. — C. rouge demi-longue, pointue. — C. jaune courte.

Même culture que celle du mois de juillet. — On récolte en octobre.

Cerfeuil commun. — C. frisé.

Même culture que celle du mois de juin. — On récolte en septembre.

Champignon (blanc de).

(Voir la culture à l'air libre du mois de mai.)

Chicorée à couper, ou sauvage.

Même culture que celle du mois de mars. — On récolte en septembre

Chicorée frisée d'Italie. — C. frisée de Meaux. — C. de Rouen, ou corne-de-cerf. — C. scarole à larges feuilles.

Même culture que celle du mois de mars. — On récolte en octobre.

Chou pommé d'York gros et petit. — C. pain-de-sucre. — C. cœur-de-bœuf.

Chou-brocolis blanc.

Espacer les plants, pour le choux pommé, de 30 à 50 centimètres en tous sens, suivant la grosseur de la pomme. — Le brocolis blanc doit être repiqué à 70 centimètres de distance, en rayons espacés de 90 centimètres (même culture que celle du mois de juin). — On récolte l'année suivante en mars-avril.

Chou chinois, Pé-tsai.

Même culture que celle du mois de juin.

Chou-navet ou turneps.

Sa racine produit en terre. — Même culture que celle du mois de juin. — On récolte en avril.

Chou-rave blanc.

Sa racine produit hors de terre (même culture que celle du mois de juin). — On récolte en avril.

Ciboule vivace.

Même culture que celle du mois de janvier. — On récolte en novembre.

Cresson alénois commun.— C. frisé.— C. doré.— C. à larges feuilles.

On sème en place, par planches ou par bordures, dans tous les terrains, à toutes les expositions. — On cueille en septembre.

Épinard commun. — E. d'Angleterre. — E. de Hollande. E. de Flandre. — E. d'Esquermes.

On sème en place à la volée, exposition au nord. Demande une terre largement fumée et bien ameublie. — Arrosements fréquents. — Faire tremper la graine une journée avant de la semer. — On récolte en septembre.

Fenouil de Florence (Finocchi).

Quoiqu'on ait l'habitude de semer le fenouil de Florence en octobre, il n'y a pas d'inconvénient à faire ce semis dans ce mois, en plein air, dans une terre franche, légère et sablonneuse (non fumée pour le semis) — Les plants doivent être repiqués, en octobre, dans la partie de terre la plus élevée du jardin, en plein soleil, à 30 centimètres de distance. —Une fois que les plants ont pris tout leur développement, on les fait blanchir à la manière du céleri, afin d'avoir des tiges tendres.

Haricot canieu ou bouquetier.

Réussit dans tous les terrains et demande peu de culture. Dans une terre légère, douce et fraîche, on sème en touffes en mettant 5 à 6 grains par trou. — Dans une terre forte, argileuse et compacte, on les sème en ligne avec beaucoup d'engrais, grain à grain, à 6 centimètres de distance et à 50 centimètres par ligne. — On doit couvrir très-peu le semis. — On récolte en novembre.

Mâche ou doucette ronde de Hollande. — M. verte et blonde. —M. d'Italie ou régence.

On sème à l'ombre, en place, à la volée, en rayons ou en bordure, tous les quinze jours, afin d'avoir constamment une salade tendre.— On recouvre très-légèrement la graine en terre. — Demande une terre douce et fumée de l'année précédente. — On récolte en octobre.

Navet sec de Fréneuse.— N. sec de Meaux. — N. sec jaune long. — N. tendre blanc plat, hâtif.— N. tendre rouge plat. — N. turneps ou rave. — N. tendre blanc long, des vertus. — N. mi-tendre boule d'or. — N. mi-tendre jaune de Finlande. — N. jaune de Hollande. — N. noir plat hâtif.

Même culture que celle du mois de juillet. — On récolte en octobre

Oignon blanc hâtif de Nocera. — O. gros de Lisbonne. — O. gros de Madère. — O. fusiforme ou corne-de-cerf. — O. rouge foncé. — O. jaune des vertus.

Même culture que celle du mois de juin.

Oseille large de Belleville. — O. épinard ou patience.

Même culture que celle du mois de février. — On récolte en novembre.

Persil ordinaire. — P. nain très-frisé. — P. à grosse racine. — P. gros de Naples.

Même culture que celle du mois de mai.

Poirée à carde blanche, rouge, jaune, frisée. — P. blonde petite, à couper ou bette.

Même culture que celle du mois d'avril. — On récolte la petite en novembre et celle à carde en décembre.

Pourpier vert et doré. — Annuel. — Fourniture de salade.

On le sème très-clair, en place et sur la surface du sol, dans une terre légère et bien divisée. — On récolte en août.

Radis rond rose hâtif — R. rond blanc. — R. gris d'été. — R. jaune d'été. — R. violet d'été. — R. demi-long écarlate. — R. demi-long à bout blanc. — R. blanc d'Augsbourg. — R. gros noir d'hiver. — R. rose de Chine.

Même culture que celle du mois d'avril. — On récolte le rond et le demi-long en septembre, ceux d'hiver en octobre.

Laitue pommée de la Passion. — L. rousse hollandaise. — L. très-blonde frisée de Malte. — L. grosse brune paresseuse. — L. rougette. — L. morine.

Laitue romaine verte d'hiver. — L. romaine verte maraîchère.

On sème sur des planches de 1 mètre de large. — Etablir quatre rangs en ados au midi, pour y repiquer les plants à 25 centimètres de distance. — Demande une terre légère, substantielle et fraîchement fumée. — Binages et arrosages fréquents. — Demande aussi un grand guéret. — On récolte l'année suivante en février-mars.

Scorsonère ou salsifis noir.

On ne récolte ordinairement les racines de salsifis noir que la seconde année. — Demande une terre douce et de bonne qualité. — On sème en place, à la volée ou bien en rayons de 20 centimètres de distance. — Les rangs doivent avoir 5 centimètres. — On récolte la deuxième année en septembre.

SEMIS DE FLEURS

Adlumia *à vrilles*. — Sc. 300. — Grimpante. — Bisannuelle. — Terre sableuse, légère. — Exposition au midi. — Fleur élégante d'un blanc rosé, en grappe, et feuille ornementale.

Ancolie *double des jardins (aquilegia)*. — St. 90. — Vivace ; rustique, massif. — Croissant à l'ombre. — Terre substantielle. L'année suivante, en mai, fleurs pendantes rouges, blanches ou panachées.

Capucine *grande*. — Sp. 175. — Grimpante. — Fleurs d'un jaune orange. — C. *brune d'Alger*. — Sp. 200. — Grimpante. — Fleurs d'un rouge brun. — C. *panachée*. — Sp. 175. — Grimpante. — C. *naine écarlate*. — Sp. 30. — Bordure. — C. *Tom-Pouce jaune*. — Sp. 40. — Bordure.
Cette plante est annuelle en plein air et vivace en serre. — Terre ordinaire. — Bonne exposition. En septembre, fleurs variées en couleurs.
La capucine des Canaries peut se semer en serre pour la voir fleurir en hiver en serre.

Cinéraire *hybride*. — St. 40 (semis en terrine ; repiquer en pot). — Annuelle et vivace ; massif, serre. — Terre de bruyère, humide. — Exposition ombragée. — L'année suivante, en janvier, fleurs variées en couleurs.

Chrysanthème *des jardins*. — St. 90. — Annuelle (vivace en serre). — Tout terrain. — Bonne exposition. — L'année suivante, en août, fleurs jaunes ou blanches.

C. *à carène*. — St. 50. — Annuelle. — L'année suivante, en août, fleurs jaunes ou blanches.

Clintonie *délicate*. Sc. 15. — Annuelle ; bordure et suspension. — Croissant à l'ombre. — Rocaille. — Terre légère. — En juillet, fleurs en grappes allongées, d'un bleu tendre et rosé.

Coquelourde, *rose-du-ciel*. — St. 50. — Annuelle ; bordure. — Terre légère. — Bonne exposition. — L'année suivante, en juin, fleurs doubles, pourpre ou rose tendre.

C. *des jardins*. — St. 90. — Vivace ; massif. — L'année suivante, en juillet-août, fleurs blanches ou rouges.

Cuphea — St. 50. — Vivace ; massif, serre (repiquer en pot). — Terre légère et franche. — Bonne exposition. — L'année suivante, en mai, fleurs violettes, jaunes ou rouges.

Delphinium *hybride*. — St. 60. — Vivace : massif. — Terre légère et fraîche. — Bonne exposition. — L'année suivante, en juillet, fleurs bleues ou violettes.

Épervière. — St. 30. — Vivace : bordure, traçante, rocaille. — Terre substantielle, saine et fraîche. — Croissant à l'ombre. — L'année suivante, en juin, fleurs d'un jaune orange.

Erythrina *crista-galli*. — Massif. — Bonne terre, mélange de terreau, bien drainée.—Couverture pendant l'hiver.— Bonne exposition. — Très-bel arbuste. — En été, fleurs grandes, disposées en grappes paniculées très-longues.

Gaillarde.—St. 40.—Vivace ; massif (repiquer en pot sous châssis et transplanter en plein air en avril).— Terre légère, sèche. — Toute exposition. — L'année suivante, en juin, fleurs jaunes, oranges et pourpres.

Gaura *lindheimeri*.— Sp. 150.—Vivace : massif.— Terre perméable.— Exposition chaude.—L'année suivante, en juillet, fleurs blanches et rouge carmin.

Giroflée *cocardeau d'hiver*. — St. 40. — Bisannuelle : odorante, bordure. — Terre franche, amendée. — Bonne exposition.— L'année suivante, en avril, fleurs rouges ou blanches.

G. *empereur perpétuelle*. — St. 35. — Bisannuelle ; odorante, bordure. — Terre franche, amendée. — Bonne exposition. — L'année suivante, en avril, fleurs variées en couleurs.

G. *jaune à fleurs violettes*. — G. *jaune à fleurs brunes*. — G. *jaune à fleurs doubles*. — G. *jaune ou violier (ravenelle)*. — St. 50. — Vivace ; rustique, bordure, rocaille.—Tout terrain. — Toute exposition. — L'année suivante, en avril, fleurs violettes ou d'un jaune brun.

Ionopsidium *acaule*. Sc. 15. — Annuel — Charmante miniature pour bordure, vase ou rocaille. — Terre légère. — Exposition chaude et mi-ombre. — En novembre, fleur petite élégante, d'une teinte violacée ou blanc lilas.

Lin *vivace*. — St. — 55.—Massif. — Terre ordinaire.— Bonne exposition. —En juin, fleurs d'un bleu céleste.

Muflier, *Gueule-de-loup*. — St. 70.— Vivace ; rustique, rocaille, massif. — Tout terrain. — Croissant à l'ombre. — L'année suivante, en juillet, fleurs rouges, panachées ou blanches.

Œillet *double des fleuristes*. — ŒI. *flamand*. — ŒI. *remontant*. — ŒI. *de fantaisie*. — St. 60. — Vivace ; bordure. — Terre franche, ameublée et terreautée.—L'année suivante, en juin, fleurs variées en couleurs.

Œ. *mignardise.* — St. 30. — Vivace; bordure, odorante. — Terre franche, meuble et terreautée. — Bonne exposition. — — L'année suivante, en mai, fleurs variées en couleurs.

Pâquerette *simple des champs.* — P. *double des jardins.* — St. 10.—Vivace; bordure.—Terre franche, légère, fraiche.—Croissant à l'ombre. — L'année suivante, en mars-avril, fleurs variées en couleurs.

Passe-rose, *rose trémière.* — St. 250. — Vivace; rustique, massif. — Terre franche, légère, profonde, substantielle. — Exposition au midi. — L'année suivante, en juillet, fleurs variées en couleurs.

Pensée *anglaise.*— P. *ordinaire.*— St. 15.— Vivace : bordure, — Terre substantielle et fraiche. — Bonne exposition. — Au printemps, fleurs variées en couleurs.
Les semis de ce mois sont préférables pour avoir de belles et grandes fleurs. — On sème en pépinière, puis on repique en octobre dans une terre bien préparée.

Penstemon. — St. 76.— Vivace ; massif. — Terre franche. — Toute exposition. — L'année suivante, en mai, fleurs carmin et pourpre.

Phlox *decussata.* — St. 60. — Vivace ; massif. — Terre ordinaire.—Bonne exposition.—L'année suivante, en août, fleurs variées en couleurs.

Primevère *de la Chine ordinaire.* — P. *frangée.* — St. 30. — Repiquer en pot. — Vivace ; serre. — Terre de bruyère. — Exposition au midi.— L'année suivante, en mars, fleurs roses ou blanches.

Salvia *coccinea splendens (sauge).* — St. 100.— Repiquer en pot. — Annuelle (vivace en serre).— Terre substantielle. — Bonne exposition. — L'année suivante, en septembre, fleurs en épis écarlates.

S. *argentea (sauge).* — St. 70. — Bisannuelle. — L'année suivante, en juillet, fleurs blanches.

Violette *des quatre saisons.* — St. 15.— Vivace ; odorante, bordure. — Croissant à l'ombre.— Terre douce et humide. — L'année suivante, en mars, fleurs simples violettes.

SEPTEMBRE

TRAVAUX DE CE MOIS

Mêmes soins à donner aux plantes qu'au mois d'août : arrosements matin et soir. Aux cultures qui finissent, en faire succéder d'autres de la saison ; mais on doit avant préparer les planches ou carrés inoccupés, pour ensuite repiquer ou semer les légumes qui viennent promptement, afin de pouvoir les consommer **avant les gelées.**

On laboure et on fume les terres destinées à être ensemencées.

On doit continuer le buttage des cardons, des céleris.

A partir de ce mois, les semis d'automne commencent à produire les plantes déstinées à passer l'hiver.

On fait les vendanges. On construit les fosses pour la plantation des arbres d'automne et d'hiver.

Détruire les mauvaises herbes des planches de choux-fleurs et donner beaucoup d'eau à leurs pieds, si l'on veut obtenir de grosses pommes.

On continue à planter des chicorées frisées, scaroles, céleris, laitues d'hiver. Pour avoir un produit précoce, on doit planter au pied d'un mur.

Les légumes montant moins vite en graines pendant cette saison, on a beaucoup plus de facilité à conserver et à se procurer toutes sortes de légumes ; ils exigent aussi moins d'arrosements.

On peut commencer la plantation des fraisiers.

A cette époque a lieu la récolte des fruits, tels que poires, pêches. etc.

Les fruits destinés à être conservés peuvent être récoltés un peu avant leur entière maturité.

On détruit les vieilles couches de potagers.

On change de terre les orangers.

Dans le courant de ce mois, on doit bêcher les porte-eau, les courants, et former des carrés de terre en contre-bas l'un de l'autre et leur donner une pente faisant face au midi, pour y planter des laitues à distance de 20 centimètres.

Si le temps est beau, on arrache la garance.

SEMIS DE POTAGER

Tous les semis de ce mois se font en plein air, sauf quelques-uns
indiqués sous châssis.

Ail ordinaire. — A. rouge ou Rocambole (gousse).

On cultive ses bulbes, têtes ou gousses, pour la consommation de la
cuisine, à cause de son odeur et de sa saveur très-fortes. On détache de
la bulbe les cayeux, que l'on plante par un temps humide et couvert, à
20 cent. de distance, en planches ou en bordure. — Demande une
bonne terre forte pas trop humide et fumée avec du fumier de cheval.
— On récolte l'année suivante en mai.

Ananas.

Le fruit a sa chair ferme et une saveur très-parfumée.

Multiplication par œilletons ou par boutures. — On établit une couche
avec moitié de fumier neuf et moitié de vieux fumier ou de feuilles ;
ensuite on répand sur la couche 20 cent. de terre bruyère, puis on l'entoure de coffres, de châssis. — Quelques jours après on ôte des plantes-
mères des œilletons et quelques feuilles ; puis, avec la serpette, on
approprie l'extrémité de la plaie. — Vingt-quatre heures après on peut
les planter dans la couche à 25 cent. de distance. — Demande un bon
réchaud autour du châssis.

En décembre, on mélange le fumier neuf à celui du réchaud en ré-
pétant cette opération chaque mois jusqu'en février (le thermomètre
doit descendre au-dessous de 19°). Si les nuits sont froides, couvrir
les châssis de paillassons.

En février, on établit une nouvelle couche pour y transplanter les
jeunes plantes enracinées à 65 cent. de distance en tous sens (les
coffres doivent être plus hauts). Pendant le jour on donne un peu d'air
aux plantes.

En septembre on établit une troisième couche, que l'on remplit de
tannée. — On coupe chaque plante au collet et on les replante en terre
de bruyère dans un pot large de 18 cent.; puis on enfonce chaque pot
dans la tannée avec une température de 30°. — On place les châssis et on
entoure le coffre d'un réchaud ; cette fois-ci on ne doit pas donner d'air
et empêcher les rayons de soleil de pénétrer dans le châssis. — Le fruit
commence en juin ou octobre, suivant précocité.

Angélique officinale.

Même culture que celle du mois de juillet.

Asperge.

Semis. — On sème clair à la volée, ou mieux en rayons espacés de
25 cent. sur une planche bien amendée, en terre légère, douce, sablonneuse. — On enterre la graine à 10 cent. — Arrosement, sarclage et

binage. — Au bout de un ou deux ans, on peut les planter à demeure., depuis décembre jusqu'en avril (Voir la plantation à ces époques).

Cerfeuil bulbeux ou tubéreux. — C. Prescott.

On mange les racines cuites.

Les semis se font en place, en terre douce. — Sarcler souvent. — La graine ne lève qu'au printemps, à moins qu'elle n'ait été stratifiée dans du sable ou de la terre humide. — On récolte l'année suivante en juin.

Cerfeuil commun. — C. frisé.

Même culture que celle du mois de juin. — On récolte en octobre.

Chicorée à couper, ou amère.

Même culture que celle du mois de mars. — On récolte en octobre.

Chicorée frisée d'Italie. — C. de Rouen, corne-de-cerf. — C. très-frisée de Rouen. — C. frisée de Meaux. — C. scarole, à larges feuilles.

Même culture que celle du mois de mars. — On récolte en février.

Champignon (blanc de).

(Voir la culture à l'air libre du mois de mai.)

Chervis. — Vivace. — Sa racine pivotante, charnue, se mange comme les salsifis.

On sème en place, en terre douce, fraîche et profonde. Biner, bassiner, sarcler et arroser fréquemment. — On récolte l'année suivante en janvier. On peut aussi le multiplier par éclat de pieds.

Cresson alénois commun. — C. frisé. — C. doré. — C. à larges feuilles

Même culture que celle du mois d'août. — On cueille en octobre.

Cresson de fontaine. — Vivace.

On sème en place sur les bords des eaux courantes. — Ses racines traçantes permettent de le repiquer sur des rocailles toujours humides. — On récolte en février.

Carotte rouge, courte, grosse de Hollande. — C. très-courte rouge, hâtive ou ronde. — C. rouge demi-longue, pointue. — C. jaune courte.

Même culture que celle du mois de juillet. On récolte en avril.

Chou d'York gros et petit. — C. pain-de-sucre. — C. cœur-de-bœuf.

Les choux printaniers se sèment très-clairs, dans une terre bien préparée. — Quand les plants ont obtenu quelques feuilles, on les repique de 30 à 50 cent. de distance (suivant la grosseur de la pomme), en rayons espacés de 80 cent. — Terre bien fumée et un peu consistante. — Arrosements et sarclages fréquents. — On récolte en avril-mai.

Chou chinois ou Pé-tsai (salade).

On récolte l'année suivante en octobre.

Epinard commun. — E. d'Angleterre. — E. de Hollande. — E. de Flandre. — E. d'Esquermes.

On sème en place, à la volée, à une exposition chaude — Demande une terre largement fumée et bien ameublie. — Arrosements fréquents. — On récolte en octobre.

Estragon (touffes).

Cette plante herbacée ne donne pas de graine. — On la multiplie en éclatant les pieds des fortes touffes, que l'on plante à 40 cent. de distance, dans un terrain bien labouré. — Ses feuilles s'emploient dans les ragouts ou pour aromatiser le vinaigre. — On récolte en mai.

Fraisier.

Multiplication par éclats. — On divise les anciens pieds en éclatant les œilletons avec quelques racines.

Multiplication par coulants. — Tous les coulants qui s'allongent sont garnis de nœuds qui se développent en nouvelles plantes ; on ôte chaque nœud de coulants avec sa racine et on le met en place de suite. — On repique les fraisiers en planches ou en bordures à 20 c. de distance, en terre douce, chaude, substantielle — Ne mettre que des engrais bien consommés — Arrosements légers, mais fréquents. — Le fraisier des Alpes peut être planté à l'ombre sous bois. — On récolte l'année suivante en juin

Laitue pommée, gotte ou gau*. — L. dauphine*. — L. gotte, lente à monter*. — L. de la Passion. — L. rougette. — L. grosse brune paresseuse. — L. morine. — L. rousse hollandaise. — L. très-blonde. — L. frisée de Malte.

Laitue romaine verte d'hiver. — L. verte maraichère.

Les trois premières laitues marquées de ce signe * se sèment sous châssis ; les autres laitues et romaines se sèment en plein air (même culture que celle du mois de novembre). — On récolte l'année suivante en mars-avril.

Laitue à couper.

Même culture que celle du mois de mars.

Mâche ou doucette verte et blonde. — M. d'Italie ou régence. — M. de Hollande.

Même culture que celle du mois d'août.

Navet sec de Fréneuse. — N. sec de Meaux. — N. sec jaune long. — N. tendre blanc plat hâtif. — N. tendre turneps ou rave. — N. tendre rouge plat. — N. tendre long blanc, des vertus. — N. mi-tendre boule-d'or. — N. mi-tendre jaune de

Finlande. — N. mi-tendre jaune de Hollande. — N. mi-tendre noir plat hâtif.

Même culture que celle du mois de juillet.

Nigelle aromatique.

Cette plante est cultivée spécialement pour ses graines, qui servent d'assaisonnement. – On sème clair, en place, dans une terre légère et chaude.

Oignon blanc hâtif de Nocera. — O. gros de Lisbonne. — O. gros de Madère.—O. fusiforme ou corne-de-bœuf.—O. rouge foncé. — O. rouge pâle.— O. jaune, des vertus.

Même culture que celle du mois de juin.

Oseille large de Belleville.

Même culture que celle du mois de février.

Panais rond et long. — Bisannuel.

On sème clair en place, à la volée.—Distancer les lignes ou les rangs à 30 cent. — Demande terre légère, fraîche, douce, profonde et fumée de l'année précédente. — Produit en février.

Perce-pierre ou fenouil marin.

Tige longue de 40 cent., traînante, rameuse. — Ses feuilles, confites au vinaigre, entrent dans les salades et les assaisonnements ; on les emploie aussi pour la composition de quelques liqueurs. — On sème dans une terre légère et humide au pied d'un mur exposé au midi. — On peut, par éclat, multiplier chaque fort pied en novembre ou décembre. — On récolte l'année suivante en juillet.

Persil ordinaire. — P. nain très-frisé.

Même culture que celle du mois de mai. – On récolte en mars.

Picridie cultivée. — Annuelle.

Cette plante, coupée petite et verte, peut servir de fourniture de salade. — On sème par rayons dans tout terrain. — On récolte en octobre.

Pimprenelle petite des jardins. — Vivace.

On l'emploie pour fourniture de salade. — On sème en place et en bordure.— Tout terrain, toute exposition. — On récolte en février.

Poirée à carde blanche, rouge, jaune ou frisée. — P. blonde petite, à couper, ou bette.

Même culture que celle du mois d'avril. — On récolte la petite en décembre, et celle à carde l'année suivante en janvier.

Radis rond rose hâtif. — R. rond blanc hâtif. — R. gris d'été. — R. jaune d'été. — R. violet d'été. — R. demi-long écarlate. — R demi-long rose, à bout blanc.— R. blanc d'Augsbourg. — R. gros noir d'hiver. — R. rose d'hiver, de Chine.

Même culture que celle du mois de mars. — On récolte le rond et demi-long en novembre. — Ceux d'hiver en janvier.

Ray-fort sauvage ou champêtre. — Vivace.

Sa racine a une saveur très-piquante que l'on râpe sur des tranches de viande, ou bien l'on s'en sert comme assaisonnement. — Une terre fraîche, ombragée, lui convient. — On peut multiplier le ray-fort par tronçon de racine au printemps. — Produit l'année suivante en mai

Rhubarbe. — Vivace.

Les côtes ou pétioles des feuilles de rhubarbe, servent à faire des gâteaux, des confitures et même un sirop excellent. — On sème en terrine ou en plate-bande, en terre légère.— Quand les plants sont assez forts, on les repique dans une terre saine et profonde. — On peut multiplier les fortes touffes par séparation de pied.— On récolte l'année suivante en avril.

Roquette. — Annuelle.

On mange les feuilles jeunes en salade. — On sème très-clair en place, par planches ou par rayons. — Sarcler, éclaircir et arroser. — On cueille en novembre.

Scorsonère, salsifis noir.

Même culture que celle du mois d'août. — On récolte la 2ᵐᵉ année en septembre.

Truffe.

Tubercules venant naturellement au pied des vieux chênes, chaque année en septembre.

SEMIS DE FLEURS

Agrostis *elegans (graminée)*.— Sp. 25. — Annuelle; bordure.— Toute terre.— Bonne exposition.— L'année suivante, en juin, fleurs en panicule déliée.

Alysse, *Corbeille-d'or*. — St. 20. — Vivace; rocaille. — Terre sèche, pierreuse. — Toute exposition. — L'année suivante, en avril, fleurs jaune d'or.

Adonide *d'été*. — St. 30. — Annuelle; bordure. — Terre légère. — Toute exposition. — En avril, fleurs d'un rouge vif, noirâtre au centre.

Ancolie *double des jardins (aquilegia)* — St. 90. — Vivace : rustique, massif. — Croissant à l'ombre. — Terre substantielle.— L'année suivante, en mai, fleurs pendantes rouges, blanches ou panachées.

Belle-de-Jour. — Sp. 35. — Annuelle ; bordure. — Terre légère, bien fumée. — Bonne exposition. — L'année suivante en mai, fleurs tricolores.

Bouquet-parfait, *OEillet-du-poële*. — St. 40. — Trisannuel ; bordure. — Terre légère et fraiche. — Toute exposition. — L'année suivante, en mai, fleurs disposées en bouquets, variées en couleurs.

Chrysanthème *des jardins*. — St. 90. — Annuelle (vivace en serre).—L'année suivante, en août, fleurs jaunes ou blanches.

C. *à carène*.— St. 50. — Annuelle ; massif. — Tout terrain. — Bonne exposition. — L'année suivante, en juin, fleurs tricolores ou blanches.

Coquelourde. *Rose-du-ciel*. — St. 50. — Annuelle ; bordure.— Terre légère.— Bonne exposition. — L'année suivante, en juin, fleurs pourpres ou rose tendre.

C. *des jardins*. — St. 90. — Vivace ; massif. — L'année suivante, en juillet-août, fleurs blanches ou rouges.

Clématite *à feuille entière*. — St. 300. — Vivace ; grimpante. — Terre chaude, légère. — Exposition chaude et sèche. — L'année suivante, en mai, fleurs d'un rose violacé.

Campanule *pyramidale*. — St. 130. — Bisannuelle ; rustique, rocaille. — Terre franche, légère. — Mi-soleil. — En juillet, fleurs bleues ou blanches.

Centaurée, *barbeau, bleuet*. — Sp. 45.— Annuelle ; massif. — Tout terrain.— Toute exposition.— L'année suivante, en mai, fleurs jaunes, blanches ou violettes.

Clarkia *pulchella*. — Sp. 40. — C. *à fleurs doubles*. — Annuel ; massif. — Tout terrain. — Exposition au midi. — L'année suivante, en juin, fleurs roses.

Collinsia *bicolor*. — Sp. 25. — Annuel ; bordure. — Terre légère et fertile. — Toute exposition. — L'année suivante, en avril, fleurs lilas et blanches.

Coquelicot *double* — Sp. 50. — Annuel ; massif. — Toute terre. — Bonne exposition. — L'année suivante, en mai, fleurs variées en couleurs.

Collomia *coccinea*. — Sp. 30. — Annuelle ; bordure. — Toute terre.— Toute exposition.— L'année suivante, en juin, fleurs rouges coccinées.

Coreopsis *elegans*. — St. 75. — Massif. — C. *de Drummond*.— St. 60. — Bordure ; annuel. — C. *couronné*. — St. 40. —

Bordure.— Terre ordinaire, fraîche. — Bonne exposition.—
L'année suivante, en juin-juillet, fleurs jaunes tachées de
brun.

Crepis. — Sp. 25. — Annuel ; bordure. — Tout terrain. —
Toute exposition. — L'année suivante, en mars, fleurs blanches, roses ou jaunes.

Cupidone. — St. 100. — Vivace ; massif. — Terre légère. —
Exposition chaude. — L'année suivante, en juin, fleurs bleu
de ciel ou blanches.

Cynoglosse *à feuilles de lin (Argentine)*.— Sp. 30. — Annuelle ;
bordure. — Tout terrain. — Bonne exposition. — L'année
suivante, en juillet, fleurs en panicules blanches.

Cinéraire *hybride*. — Sc. 40. — Annuelle ; vivace, massif,
(serre). — Semis en terrine. — Repiquer en pot. — Terre
de bruyère humide.— Exposition chaude.— L'année suivante,
en mars, fleurs variées en couleurs.

Croix-de-Jérusalem, *Lychnis*. — St. 50. — Vivace ; massif.
—Terre franche légère et fraîche.—Bonne exposition.— L'année suivante, en juin, fleurs d'un rouge éclatant ou blanches,
disposées en forme de croix de malte.

Digitale. — St. 120. — Vivace ; massif.— Terre légère. sèche.
— Exposition chaude. — L'année suivante, en juin, fleurs
pourpres ou blanches.

Delphinium *hybrida*. — St. 60. — Vivace ; massif ; rustique.
— Terre légère et fraîche.— Bonne exposition. — L'année
suivante, en juin, fleurs bleues ou violettes.

Enothère *de Drummond*. — St. 50.— Annuelle ou bisannuelle ;
massif ; odorante. — Toute terre. — Bonne exposition. —
L'année suivante, en juin, fleurs d'un jaune paille. (Variété
naine de 35 cent.)

Epervière. — St. 30. — Vivace ; bordure traçante, rocaille. —
Terre substantielle, saine et fraîche. — Croissant à l'ombre.
— L'année suivante, en juin, fleurs d'un jaune orange.

Escholtzia *californica*. — Sp. 35. — Bisannuelle ; massif ou
bordure. — Terre ordinaire —Exposition au soleil.—L'année
suivante, en juin, fleurs d'un jaune pur ou blanches.

Gilia *tricolore*. — Sp. 40. — Annuel ; bordure. — Tout terrain.—Toute exposition.— L'année suivante, en juillet, fleurs
disposées en bouquets jaune et brun.

Giroflée *quarantaine, feuille cendrée*. — St. 30. — Annuelle.—
G. *quarantaine, feuille verte*. — St. 30. — Annuelle ; odo-

rante, bordure. — Terre fraîche, amendée. — Bonne exposition. — L'année suivante, en juin, fleurs variées en couleurs.

Giroflée *jaune ou violier (ravanelle)*. — G. *à fleurs violettes*. — G. *à fleurs brunes*. — G. *à fleurs doubles*. — St. 50. — Vivace, rustique, bordure, rocailles. — Tout terrain. — Toute exposition. — L'année suivante, en avril, fleurs violettes ou d'un jaune brun.

Geranium *zonale*. — Sc. 50. — Vivace ; massif. — Croissant à l'ombre, serre. — Terre douce, légère. — L'année suivante, en mai, fleurs rose vif.

Godetia *rubicunda*. — Sp. 75. — Annuel ; massif. — Terre ordinaire. — Exposition chaude. — L'année suivante, en mars, fleurs rose et pourpre clair.

Immortelle *à grandes fleurs*. — St. 60. — Annuelle ; massif. — Terre ordinaire. — Bonne exposition. — L'année suivante, en juin, fleurs roses.

Ionopsidium *acaule*. — Sc. 15. — Annuel. — Charmante miniature pour bordure, vase ou rocaille. — Terre légère. — Exposition chaude et mi-ombre. — En novembre, fleurs petites, élégantes, d'une teinte violacée ou blanc lilas.

Julienne *de Mahon*. — Sp. 25. — Annuelle ; rocaille, rustique, odorante, bordure. — Toute terre. — Toute exposition. — L'année suivante, en avril, fleurs lilas, violettes, blanches ou rouges.

Kaulfussia *ameloïdes*. — St. 20. — Repiquer en pot sous châssis, transplanter en place en avril. — Annuelle ; massif. — Terre franche, légère. — Bonne exposition. — L'année suivante, en juin, fleurs bleu d'azur.

Lavatère *à grandes fleurs*. — Sp. 100. — Annuelle ; massif. — Terre substantielle et fraîche. — Toute exposition. — L'année suivante, en juillet, fleurs roses ou blanches.

Leptosiphon. — Sp. 25. — Annuel ; massif ou bordure. — Terre légère, fraîche. — Exposition mi-ombragée. — L'année suivante, en juillet, fleurs réunies en bouquets, violacées, blanches ou jaunes.

L. très-nain, de 10 centimètres de haut.

Loasa *orangé*. — Sc. 300. — Grimpante. — Annuel (vivace en serre). — Terre meuble sèche. — Bonne exposition. — En juin, fleur solitaire, d'un rouge brique, mélangé de jaune et de pourpre.

Lysimaque *nummulaire (herbe-aux-écus)*. — Vivace. — Multiplication par éclat.— Rampante. — Ornement de rocaille et suspensions. — Terrain frais et en pente, argileux et substantiel. — En juin, fleurs d'un jaune doré.

Malope *à grandes fleurs*. — Sp. 100. — Annuelle ; massif. — Terre ordinaire. — Toute exposition. — L'année suivante, en juin, fleurs roses violacées ou blanches.

Maurandia *de Barclay*. — Sc. 250. — Annuelle (vivace en serre) ; grimpante. — Terre légère, substantielle. — Bonne exposition. — L'année suivante, en juin, fleurs bleues ou rouges.

Mimule *à grandes fleurs*. — St. 30. — Repiquer en pot souschâssis.— Vivace ; rocaille. — Croissant à l'ombre. — Terre légère, humide. — L'année suivante, en janvier, fleurs jaunes pointées de brun.

Myosotis, *Souvenez-vous-de-moi*. — Sp. 20. — Vivace ; rocaille, bordure. — Terre humide. — Toute exposition. — L'année suivante, en juin, fleurs d'un bleu céleste.

Muflier, *Gueule-de-loup*.— St. 70.— Vivace ; rustique, rocaille, massif. — Tout terrain. — Croissant à l'ombre. — L'année suivante, en juillet, fleurs rouges, panachées ou blanches.

Nigelle, *Patte-d'araignée*. — Sp. 40. — Annuelle ; bordure. — Terre légère et chaude. — Toute exposition. — L'année suivante, en mai, fleurs bleues.

Nemophile.— Sp. 20.— Annuelle ; bordure.— Terre ordinaire —Toute exposition.—L'année suivante, en mars, fleurs bleues, blanches ou maculées.

Œillet *de Chine double*. — St. 30. — Bisannuel ; bordure. — Terre franche, légère.—Bonne exposition. —En juin, fleurs variées en couleurs.

Œ. *d'Inde grand*. — Œ. *d'Inde nain (Passe-velours)*.— St. 30 à 60. — Annuel ; massif. — Terre humide. — Exposition chaude. — L'année suivante, en juillet, fleurs jaune vif ou jaune pourpre.

Œ. *de Chine Heddwig*. — St. 35. — Annuel ; massif. — Terre légère. — Bonne exposition. — L'année suivante, en août, fleurs pourpres, blanches ou roses.

Œ. *de Gardner*.— Sc. 45. — Bisannuel ; rustique, massif.— Terre ordinaire. — Bonne exposition. — L'année suivante, en juin, fleurs rose pourpre ou blanc rosé.

8

Pâquerette *simple des champs*. — P. *double des jardins*. — St. 10.—Vivace ; bordure. — Terre franche, légère et fraîche. — Croissant à l'ombre. — L'année suivante, en avril, fleurs variées en couleurs.

Passe-rose, *rose trémière* (réussit aussi dans les sols très-secs, mais la floraison est moins belle.) — St. 250. — Vivace ; rustique, massif. — Terre franche, légère, profonde et substantielle. — Exposition au midi. — L'année suivante, en juillet, fleurs variées en couleurs.

Passiflora, *Passion*. — St. 1500. — Vivace ; grimpante. — Terre légère. — Bonne exposition. — 3me année , en été, fleurs blanc bleuâtre.

Pavot *double*. — Sp. 100. — Annuel ; massif. — Toute terre. —Toute exposition.—L'année suivante , en mai, fleurs variées en couleurs.

Petunia *hybride*. — St. 70.—Annuel (vivace en serre) ; bordure. — Terre meuble et légère.— Bonne exposition. — L'année suivante, en juillet, fleurs variées en couleurs.

P. *odorant*. — St. 75. — Bisannuel ou vivace ; bordure, rustique, rocaille. — Toute terre. — Toute exposition. —L'année suivante, en juin, fleurs violettes ou blanches.

Pensée *anglaise*.—P. *ordinaire*.—Sc. 15. — Vivace ; bordure. — Terre substantielle et fraîche.— Bonne exposition. — **Au** printemps, fleurs variées en couleurs.

Penstemon —Sc. 75. — Vivace ; massif. — Terre franche.— Toute exposition. — L'année suivante, en mai, fleurs carmin et pourpre.

Phlox *decussata*. — St. 60.— Vivace ; massif.— Terre ordinaire. —Bonne exposition.—L'année suivante, en août, fleurs variées en couleurs.

Phlox *Drummondii*. — St. 40. — Annuel ; bordure. — Terre légère, meuble. — Toute exposition. — L'année suivante, en mai, fleurs variées en couleurs.

Pied-d'alouette *nain*. — Sp. 45. — P. d'a. *grand*. —Sp. 100 —Annuel ; bordure.—Terre ordinaire.— Toute exposition — L'année suivante, en avril, fleurs en pyramide, variées en couleurs.

Pois *de senteur*. — Sp. 120. — Annuel ; odorant, grimpant, rustique. — Tout terrain. — Toute exposition. — L'année suivante, en juin, fleurs variées en couleurs.

Pois *vivace (lathyrus latifolius).* — Sp. 180. — Grimpant. — Terre ordinaire. — Bonne exposition. — L'année suivante, en juillet, fleurs roses.

Réséda *odorant.* — R. *à grandes fleurs.* — Sc. 30. — Bordure : annuel ; odorant (vivace en serre). — Toute terre. — Bonne exposition. — L'année suivante, en mai, fleurs verdâtres.

Sainfoin *d'Espagne.* — St. 100. — Vivace ; odorant, massif. — Terre légère, saine et profonde au midi. — L'année suivante, en juin, fleurs d'un rouge purpurin ou blanches.

Schizanthus *de Grahami.* — Sc. 70. — Bisannuelle. — Tiges rameuses. — Terre légère. — Bonne exposition. — L'année suivante, en avril, fleurs disposées en panicules terminales, d'un rose vif ou lilas, avec du jaune strié de brun.

Saponaire *de Calabre.* — Sp. 20. — Annuelle : bordure. — Toute terre (de préférence un sol serreauté). — Bonne exposition. — L'année suivante en mai, fleurs rose vif.

Scabieuse *des jardins.* — Sp. 65. - Bisannuelle : massif. — Terre meuble. — Exposition chaude. — L'année suivante, en juillet, fleurs pourpres, roses ou panachées.

Silène *pendant.* — Sp. 30. — Annuelle ou bisannuelle ; bordure — Terre légère. — Exposition chaude. — L'année suivante, en juin , fleurs d'un rose tendre.

S. *d'Orient.* — St. 60. — Bisannuelle ; bordure. — Craint l'humidité. — Terre très-saine, bien drainée. — Demande le grand air et le plein soleil. — En juillet, fleurs d'un rose tendre en très-gros bouquets.

Souci *double à la reine.* — St. 50. — Annuel : rustique, massif. — Toute terre. — Toute exposition. — L'année suivante, en juillet, fleurs abondantes d'un jaune clair tachées de teintes brunâtres.

Sphenogyne *speciosa.* — Sc. 40. — Annuel : bordure ou massif (repiquer en pot sous châssis) ; rocaille. — Exposition au soleil. — L'année suivante, en mai , fleurs d'un jaune doré, avec tache noire. (On peut semer en avril.)

Tagetes, *rose d'Inde double.* — St. 90. — Annuel ; massif. — Toute terre. — Exposition chaude. — En juin, fleurs jaune orange.

Thlaspi *odorant.* — T. *violet foncé nain.* — Sp. 30. — Annuel : bordure. — Tout terrain. — Toute exposition. — L'année suivante, en juin, fleurs violettes ou blanches

Tournefortia, *faux Héliotrope.* — Sc. 35.— Annuel ou vivace ; massif, rocaille.— Toute terre. — Bonne exposition.— L'année suivante, en juillet, fleurs bleues et blanc jaunâtre.

Valériane *d'Alger.* — St. 30. — Annuelle ; bordure. — Croissant à l'ombre. — Terre légère. — L'année suivante, en mai, fleurs rouges.

Verveine *hybride.* —V. *d'Italie.* — Sc. 30. — Annuelle (vivace en serre) ; massif. — Repiquer, l'hiver, sous châssis, puis en plein air. — L'année suivante, en juin, fleurs variées en couleurs.

Verveine *de Miquelon.* — Sc. 30. — Annuelle ; bordure. — L'année suivante, en juin, fleurs d'un rose foncé, amarantes. — V. *venosa* (à feuilles rugueuses). — Sc. 35. — Annuelle ; bordure. — L'année suivante, en juin, fleurs violet bleuâtre. — V. *pulcherrima* (élégant). — Sc. 40. — Annuelle ; bordure. — En juin, fleurs violettes.
Les verveines viennent en terre ordinaire et demandent une exposition chaude.

Violette *des quatre saisons.* — St. 15. — Vivace ; odorante, bordure. —Croissant à l'ombre. —Terre douce et humide. — L'année suivante, en mars, fleurs simples violettes.

OCTOBRE

TRAVAUX DE CE MOIS

A cette époque, la plupart des planches ou carrés de potager ont fini de produire. On laboure de nouveau la terre, on la fume convenablement et on la divise par planches ou carrés.

On termine la vendange. On peut encore semer les blés.

On amoncelle le fumier neuf, qui doit servir plus tard à faire des couches et améliorer les terres destinées aux cultures.

On détruit les vieilles couches, en mettant de côté le fumier non consommé qui doit servir à faire des paillis ou bien à être enterré dans les carrés de jardinage.

Les terres destinées à recevoir des semis de carotte doivent être préparées quelques mois d'avance, si l'on veut avoir de belles racines.

On transplante les légumes qui ont été semés au printemps.

Les opérations de drainage pour les terrains naturellement humides ont lieu à partir de ce mois ; autant que possible, on ne doit pas renvoyer le drainage au mois prochain, parce que plus tard le jardinier est encombré de travaux de tous genres, et l'humidité constante des terres empêcherait de faire cette opération dans de bonnes conditions.

On reconnaît qu'un terrain a besoin d'être drainé quand la terre se gerce, se fendille et forme des mottes difficiles à détruire, et aussi quand un terrain est constamment humide pendant l'automne, l'hiver et le printemps, ce qui fait geler plus facilement les plantes. (Voir le mot *drainage* dans notre *Manuel des jardins.*)

Un sol assaini, aéré, fumé avant le semis ou avant la plantation, abonde en production.

La plantation des fraisiers a lieu pendant ce mois. Pour avoir des plants d'une grande vigueur et donnant abondamment de fruit, il faut mélanger à la terre qui doit recevoir les plantes de fraisiers (quelques mois auparavant) du fumier mêlé avec des dépôts du canal. On a remarqué que ce que déposent les eaux de la Durance est favorable au développement des fraisiers.

A cette époque, la récolte des fruits d'été étant faite, les arbres se dépouillent de leurs feuilles.

C'est la dernière saison pour récolter les fruits d'hiver.

Par un temps sec et de préférence le soir, on fait la récolte des fruits d'hiver.

On enlève les bois morts des arbres fruitiers, pendant ce mois on fait des tranchées et des fosses pour la plantation des arbres.

On peut commencer la taille des arbres fruitiers.

SEMIS DE POTAGER

Ail ordinaire. — A. rouge ou Rocambole.

Même culture que celle du mois de septembre.

Ananas (boutures ou œilletons).

Même culture que celle du mois de septembre.

Asperge de Hollande. — A. violette d'Ulm. — A. d'Argenteuil.

On sème en plein air, clair, à la volée, ou mieux en rayons, espacés de 25 cent. dans une terre légère, douce et sablonneuse. — On enterre la graine à 10 cent. — On doit arroser, sarcler et biner. — On récolte la quatrième année en juin.

Bourrache officinale. — Annuelle.

Ses jolies fleurs bleues s'emploient avec les fleurs de capucine pour orner les salades. — On sème clair, en plein air, en place, dans toute terre. — On récolte l'année suivante en mai.

Céleri plein rouge.

Le céleri rouge est très-rustique ; il ne craint pas le froid. — On sème sous châssis (recouvrir la graine très-légèrement). — Après la levée, on soulève un peu les châssis pour donner de l'air aux plantes. — Une fois que les plantes sont d'une force convenable (hautes de 15 cent.), on les repique en plein air, en quinconce, à 50 cent., en rayons espacés d'un mètre. dans une bonne exposition et bien fumée.— Produit l'année suivante en avril.

Cerfeuil commun. — C. frisé.

On sème en plein air, en place, par planches, par rayons ou par bordures. — Exposition au midi et abrité du froid en hiver. — Tout terrain. — Couvrir très-peu la graine en terre. — On récolte en décembre-janvier.

Cerfeuil bulbeux.

Semis en plein air (même culture que celle du mois de septembre). — On mange la racine cuite.

Champignon (blanc de).

Même culture à l'air libre que celle du mois de mai.
    —   en cave que celle du mois d'avril.

Chicorée à couper, ou amère.

Semis en plein air (même culture que celle du mois de mars).— On récolte en novembre.

Cresson alénois commun. — C. frisé. — C. doré. — C. à large feuille.

Semis en plein air (même culture que celle du mois d'août). — On cueille en novembre.

Cresson de fontaine.

Semis en plein air (même culture que celle du mois de septembre).— On récolte l'année suivante en mars.

Chou chinois ou Pé-tsai (salade).

Semis en plein air (même culture que celle du mois de juin). — On récolte l'année suivante en décembre.

Épinard commun. — E. d'Angleterre. — E. de Hollande. — E. de Flandre. — E. d'Esquermes.

Semis en plein air (même culture que celle du mois de septembre).— On récolte en décembre.

Estragon (touffes).

Même culture que celle du mois de septembre. — On récolte l'année suivante en mai.

Fenouil doux de Florence.

Même culture que celle du mois d'août.

Fève de marais grosse hâtive. — F. de Windsor tardive. — F. julienne très-précoce.— F. à longue cosse ou caroubière. — F. violette tardive. — F. naine hâtive. — F. verte.

On sème en plein air, en place, en rayons ou en touffes, en mettant quatre fèves par trou, espacés de 30 cent. Au moment de la floraison, supprimer le bout des jeunes pousses. — Réussit dans tout terrain. On récolte en mai.

Fraisier Comte-de-Paris.—F. Princesse-royale.—F. Comtesse-de-Marne. — F. Oscar. — F. Marguerite-Lebreton.

Culture forcée — Toutes les variétés hâtives sont convenables pour cette culture, mais on donne la préférence à ceux que j'indique plus haut. — Aux mois de juillet-août, on cheville des œilletons dans un carré préparé d'avance à 25 cent. de distance. — En octobre ou novembre, on ôte chaque plante avec sa motte pour la placer en pleine terre sous châssis — Quand le temps le permet, on doit donner de l'air aux plantes et quelques arrosements dans la matinée.

Fraisier (plants).

Multiplication par coulants et par éclats (voir le mois de septembre)·

Laitue à couper.

Même culture que celle du mois de mars.

Laitue pommée, gotte ou gau. — L. dauphine. — L. gotte, lente à monter. — L. de la Passion.— L. très-blonde de Malte. — L. rougette. — L. rousse hollandaise. — L. marine. — L. grosse brune paresseuse.

Laitue romaine verte d'hiver.— L. romaine verte maraîchère.

Semis en plein air (même culture que celle du mois d'août). — On récolte l'année suivante en mars-avril.

Mâche ou doucette verte et blonde. — M. d'Italie ou régence. — M. de Hollande.

Semis en plein air (même culture que celle du mois d'août). — On récolte en décembre.

Marjolaine. — Vivace.

Tige rameuse, haute de 80 cent. ; feuilles d'une odeur aromatique dont l'emploi sert comme assaisonnement.—On sème en plein air dans une terre douce.—Recouvrir la graine très-légèrement.—Une fois que les plantes sont de force convenable, on les repique en place. — On peut la multiplier par éclats. — On récolte l'année suivante en août.

Menthe poivrée des jardins. — Vivace.

On la multiplie par drageons ou par touffes, que l'on plante dans le coin le plus frais du jardin potager.

Nigelle aromatique. — Annuelle.

Elle est cultivée pour ses graines, qui servent d'assaisonnement. — Semer clair en place dans une terre légère et chaude.

Oseille vierge. — O. patience. — Vivace.

On les multiplie par éclats de pieds que l'on plante en bordure ou en planches à 25 cent. de distance sur un sol léger et profond. — On cueille en mars.

Panais rond et long.

Semis en plein air (même culture que celle du mois de septembre).— On récolte en avril.

Perce-pierre. — Vivace.

Tige longue de 40 cent., traînante, rameuse. — Ses feuilles, confites au vinaigre, entrent dans les salades et les assaisonnements. On les emploie aussi dans les assortiments de quelques liqueurs. — (Même culture que celle du mois de septembre).—On récolte l'année suivante en juillet.

Persil ordinaire. — P. nain frisé. — P. à grosse racine. — P. gros de Naples.

On sème en plein air, en place, par planches, par rayons ou par bordures. — Exposition au midi. — Arrosages et sarclages. — Demande une terre bien meuble, douce, profonde. — Garantir les plantes des fortes gelées. — On cueille en mars.

Picridi cultivée. — Annuelle.

Cette plante, coupée petite et verte, peut servir de fourniture de salade. — On sème en plein air, en rayons, dans tout terrain.—On récolte en novembre.

Pimprenelle petite des jardins.

Ou l'emploie pour fourniture de salade. — On sème en place en plein air, par bordure ou par planches. — Tout terrain, toute exposition. — On récolte en mars.

Pomme de terre marjolaine (tubercules).

Plantation. — On plante les tubercules entiers à une profondeur de 20 cent. sur une largeur de 35 cent. de distance.— Le sol doit être bien ameubli. — On espace les rangs à 75 cent. pour qu'on puisse butter facilement et donner aux eaux de pluie la facilité de s'écouler. — On récolte l'année suivante en janvier

Pois à écosser nain quarantain du pays. — P. très-nain de Bretagne. — P. nain hâtif de Hollande.

Pois à écosser mi-rames prince-Albert. — P. Michaud de Hollande. — P. Early-Daniel-O'Rourk.

Semis en plein air (même culture que celle du mois de janvier). — On récolte l'année suivante en mars-avril.

Radis rond rose hâtif.— R. rond blanc. — R. rond gris d'été. — R. jaune d'été. — R. violet d'été. — R. demi-long rouge. — R. demi-long rose à bout blanc.

On sème en plein air, en place, par planches, dans toute terre. — Garantir les racines des fortes gelées. — Sarclages à la main. — On récolte en novembre.

Ray-fort champêtre ou sauvage.

Semis en plein air (même culture que celle du mois de septembre). — Produit l'année suivante en juillet.

Rhubarbe. — Vivace.

Semis en plein air (même culture que celle du mois de septembre). — On récolte l'année suivante en mai.

Roquette. — Annuelle.

On mange les feuilles jeunes en salade. — On sème très-clair en plein air, en place, par planches ou par rayons. — Sarcler, éclaircir et arroser. — On cueille en novembre-décembre

Tomate ou Pomme-d'amour.

Culture forcée. — On sème sous châssis (sans couche). Lorsque les plants ont atteint cinq feuilles, en décembre, on les transplante dans une bâche vitrée (la terre de la bâche doit être bien fumée et bien bêchée).—On cheville les plants en quinconce à 50 cent. l'un de l'autre sur la longueur.—On arrose très-peu les jeunes plants.—En décembre on donne un peu d'air en relevant le vitrage de 5 cent. depuis dix heures du matin jusqu'à quatre heures du soir. En février on relève le vitrage de 20 cent. — Garantir les plantes des rayons du soleil. — On fait plusieurs pincements au fur et à mesure que les nouvelles tiges naissent à côté des bouquets. — Lorsque les plantes sont assez fortes, on les chausse avec la terre qui se trouve entre les lignes. — On peut arroser à l'eau courante. — Entourer chaque plante de petits tuteurs. — On récolte l'année suivante en avril.

Truffe.

Tubercules venant naturellement au pied des vieux chênes chaque année en octobre.

SEMIS DE FLEURS

Agrostis *elegans* (*graminée*). — Sp. 25. — Annuelle; bordure. — Toute terre. — Bonne exposition. — L'année suivante, en juin, fleurs en panicules déliées.

Alysse, *Corbeille-d'or*. — St. 20. — Vivace ; rocaille. — Terre sèche, pierreuse. — Toute exposition. — L'année suivante, en avril, fleurs jaune d'or.

Adonide *d'été*. — St. 30. Annuelle; bordure. — Terre légère. — Toute exposition. — L'année suivante , en avril , fleurs rouge vif, noirâtre au centre.

Ancolie *double des jardins* (*aquilegia*). — St. 90. — Vivace ; rustique. massif. — Croissant à l'ombre. — Terre substantielle. — L'année suivante, en mai, fleurs pendantes rouges , blanches ou panachées.

Belle-de-Jour. — Sp. 35. Annuelle; bordure. — Terre légère, bien fumée, — Bonne exposition. — L'année suivante, en mai, fleurs tricolores.

Bouquet-parfait. — *Œillet de poële*. — St. 40. — Trisannuel ; bordure. — Terre légère et fraîche. — Toute exposition. — L'année suivante , en mai , fleurs disposées en bouquets, variées en couleurs.

Campanule *pyramidale*. — St. 140. — Bisannuelle ; rustique, rocaille. — Terre franche, légère. — Mi-soleil. — L'année suivante, en juillet, fleurs bleues ou blanches, disposées en grappes

Centaurée, *barbeau, bluet*. — Sp. 45. — Annuelle, massif. — Tout terrain. — Toute exposition — L'année suivante, en mai, fleurs jaunes, blanches ou violettes.

Clarkia *pulchella*. — Sp. 40. — C. *à fleurs doubles*. — Annuel; massif. — Tout terrain. — Exposition au midi. — L'année suivante, en juin, fleurs roses.

Collinsia *bicolor*. — Sp. 25. — Annuel ; bordure. — Terre légère et fertile — Toute exposition. — L'année suivante, en mai. fleurs lilas et blancs.

Coquelicot *double*. — Sp. 50. — Annuel ; massif. — Toute terre. — Bonne exposition. — L'année suivante, en mai, fleurs variées en couleurs.

Coreopsis *elegans*. — St. 75. — Massif. — C. *de Drummond*. — St. 60.— C. *couronné*.— St. 40.— Bordure; annuel.— Terre ordinaire, franche.— Bonne exposition. — L'année suivante, en juin-juillet, fleurs jaunes tachées de brun.

Crepis. — Sp. 25. — Annuel; bordure. — Tout terrain. — Toute exposition. — L'année suivante. en mars, fleurs blanches, roses ou jaunes.

Cupidone. — St. 100. — Vivace; massif. — Terre légère. — Exposition chaude — L'année suivante, en juin, fleurs bleu de ciel ou blanches.

Collomia *coccinea*. — Sp. 30.— Annuelle; bordure.— Toute terre.— Toute exposition.— L'année suivante, en juin, fleurs rouges coccinées.

Cynoglosse *à feuilles de lin (Argentine)*.— Sp. 30.— Annuelle; bordure — Tout terrain. — Bonne exposition. — L'année suivante, en juillet, fleurs en panicules blanches.

Croix-de-Jérusalem, *Lychnis*. — St. 50. — Vivace; massif. — Terre franche. légère et fraiche. — Bonne exposition. — L'année suivante. en juin, fleurs rouges éclatantes ou blanches, disposées en forme de croix de Malte.

Coquelourde, *Rose-du-ciel*. — St. 50. — Annuelle; bordure. — Terre légère. — Bonne exposition. — En juin. fleurs doubles blanches. pourpres ou rose tendre.

Clématite, *à feuille entière*. — St. 300. — Vivace; grimpante. — Terre chaude, légère.— Exposition chaude et sèche.— L'année suivante. en mai. fleurs roses violacées.

Digitale. — St. 110.— Vivace; massif.— Terre légère, sèche. — Exposition chaude. — L'année suivante, en juin, fleurs pourpres ou blanches.

Delphinium *hybride*. — St. 60. — Vivace; massif, rustique. — Terre légère et fraiche. — Bonne exposition. — L'année suivante. en juillet, fleurs bleues ou violettes.

Enothère *de Drummond*.— St. 60.— Annuelle ou bisannuelle; massif, odorante.—Toute terre.—Bonne exposition.—L'année suivante, en juin, fleurs jaune paille.(Variété naine de 35 cent.)

Echoltzia *Californica*. — Sp. 35. — Bisannuelle; massif ou bordure. — Terre ordinaire. —Exposition au soleil. —L'année suivante, en juin, fleurs d'un jaune pur ou blanches.

Gilia *tricolor*. — Sp. 40. — Annuel; bordure.— Tout terrain.—

Toute exposition.— L'année suivante, en juillet, fleurs disposées en bouquets jaune et brun.

Giroflée *quarantaine, à feuilles cendrées.* — Sc. 30. — Annuelle; — G. *quarantaine, à feuilles vertes.* — Sc. 30. — Annuelle ; odorante, bordure. —Terre franche, amendée.—Bonne exposition.—L'année suivante, en juin, fleurs variées en couleurs.

Geranium *zonale.* — Sc. 50. — Vivace ; massif.—Croissant à l'ombre ; serre. — Terre douce, légère. — L'année suivante, en mai, fleurs d'un rouge vif.

Godetia *rubicunda.* — Sp. 75.— Annuel ; massif. — Terre ordinaire. — Exposition chaude. — L'année suivante, en mars, fleurs roses et pourpre clair.

Immortelle *à grandes fleurs.* — St. 60. — Annuelle ; massif. — Terre ordinaire. — Bonne exposition.—L'année suivante, en juin, fleurs roses.

Julienne *de Mahon.* — Sp. 25. — Annuelle ; rocaille, rustique, odorante, bordure. — Toute terre. — Toute exposition. — — L'année suivante, en avril, fleurs lilas, violettes, blanches ou rouges.

Lavatère *à grandes fleurs.* — St. 100. — Annuelle ; massif. — Terre substantielle, fraîche. — Toute exposition. — L'année suivante, en juillet, fleurs blanches ou roses.

Leptosiphon. — Sp. 25. — Annuel ; massif ou bordure. — Terre légère, fraîche. — Exposition mi-ombragée.— L'année suivante, en juillet, fleurs réunies en bouquet, violacées, blanches ou jaunes.

Loasa *orangé.* — Sc. 300. — Grimpante. — Annuel (vivace en serre). — Terre meuble, sèche. — Bonne exposition. — En juillet, fleur solitaire d'un rouge brique mélangé de jaune et de pourpre.

Malope *à grandes fleurs.* — Sp. 100. — Annuelle ; massif. — Terre ordinaire.— Toute exposition.—L'année suivante, en juin, fleurs d'un rose violacé ou blanches.

Maurandia *de Barclay.*—Sc. 250.—Annuelle (vivace en serre); grimpante. — Terre légère, substantielle. — Bonne exposition. — L'année suivante, en juin, fleurs bleues ou rouges.

Mimule *à grandes fleurs.*— Sc. 30 (repiquer en pot sous châssis). — Vivace ; rocaille. — Croissant à l'ombre. — Terre légère, humide. — L'année suivante, en janvier, fleurs jaunes pointées de brun.

Myosotis, *Souvenez-vous-de-moi.* — Sp. 20. — Vivace; rocaille, bordure. — Terre humide. — Toute exposition. — L'année suivante, en juin, fleurs d'un bleu céleste.

Muflier, *Gueule-de-loup.* — St. 70. — Vivace; rustique, rocaille, massif. — Tout terrain. — Croissant à l'ombre. — L'année suivante, en juillet, fleurs rouges, panachées ou blanches.

Nigelle, *Patte-d'araignée.* — Sp. 40. — Annuelle; bordure. — Terre légère et chaude. — Toute exposition. — L'année suivante, en mai, fleurs bleues.

Némophile. — Annuelle; bordure. — Terre ordinaire. — Toute exposition. — L'année suivante, en mars, fleurs bleues, blanches ou maculées.

Œillet *de Chine.* — St. 30. — Bisannuel; bordure. — Terre franche et légère. — Bonne exposition. — L'année suivante, en juin, fleurs variées en couleurs.

Œ. *de Gardner.* — Sc. 45. — Bisannuel; rustique, massif. — Terre ordinaire. — Bonne exposition. — L'année suivante, en juin, fleurs roses, pourpres ou blanc rosé.

Œ. *d'Inde grand.* — Œ. *d'Inde nain* (*Passe-velours*). — St. 30 à 60. — Annuel; massif. — Terre humide. — Exposition chaude. — L'année suivante, en juillet, fleurs d'un jaune vif ou d'un jaune pourpre.

Passiflora, *Passion.* — St 1500. — Vivace; grimpante. — Terre légère. — Bonne exposition. — En été, fleurs d'un blanc bleuâtre.

Pavot *double.* — Sp. 100. — Annuel; massif. — Toute terre. — Toute exposition. — L'année suivante, en mai, fleurs variées en couleurs.

Petunia *hybride.* — St. 70. — Annuel (vivace en serre); bordure. — Terre meuble et légère. — Bonne exposition. — L'année suivante, en juillet, fleurs variées en couleurs.

P. *odorant.* — St. 75. — Bisannuel ou vivace; bordure, rustique, rocaille. — Tout terrain. — Toute exposition. — L'année suivante, en juin, fleurs violettes ou blanches.

Pied-d'alouette *nain.* — Sp. 45. — P. *d'a. grand.* — Sp. 100. — Annuel; bordure. — Terre ordinaire. — Toute exposition. — L'année suivante, en avril, fleurs en pyramide, variées en couleurs.

Pois *de senteur.* — Sp. 120. — Annuel; odorant, grimpant, rustique.— Tout terrain. — Toute exposition. — L'année suivante, en juin, fleurs variées en couleurs.

P. *vivace* (*lathyrus latifolius*). — Sp. 180. — Grimpant.— Terre ordinaire.— Bonne exposition.— L'année suivante, en juillet, fleurs roses.

Réséda *odorant*.—**R**. *à grandes fleurs*.—Sc. 30. —Bordure ⸴ annuel (vivace en serre).— Toute terre.— Bonne exposition. — L'année suivante, en mai, fleurs verdâtres.

Sainfoin *d'Espagne*.— St. 100.— Vivace ; odorant. massif. — Terre légère, saine et profonde. — Au midi. — L'année suivante, en juin, fleurs rouges purpurines ou blanches.

Scabieuse *des jardins*. —Sp. 65. — Bisannuelle ; massif. — Terre meuble. — Exposition chaude.— L'année suivante, en juillet, fleurs pourpres, roses ou panachées.

Silène *pendant*. — Sp. 30. — Annuelle et bisannuelle ; bordure. — Terre légère.— Exposition chaude.— L'année suivanté, en juin, fleurs d'un rose tendre.

S. *d'Orient*. — St. 60. —Bisannuel ; bordure. — Craint l'humidité. — Terre très-saine, bien drainée. — L'année suivante, en juillet, fleurs en très-gros bouquet, d'un rose tendre.

Souci *double à la Reine*.— St. 50. — Annuel ; rustique.— Toute terre.—Toute exposition.—L'année suivante, en juillet, fleurs abondantes, jaune clair, tachées de teintes brunâtres.

Saponaire *de Calabre*.—Sp. 20. — Annuelle ; bordure.—Toute terre, de préférence un sol terreauté. — Bonne exposition. — L'année suivante, en mai, fleurs d'un rose vif.

Tagetes, *rose d'Inde double*. — St. 90. — Annuel ; massif. — Toute terre. — Exposition chaude. — En juin, fleur jaune orange.

Thlaspi *odorant*.— **T**. *violet foncé nain*. —Sp. 30. — Annuel ; bordure. — Tout terrain. — Toute exposition. — L'année suivante, en juin, fleurs violettes ou blanches.

Tournefortia, *faux Héliotrope*. — Sc. 35.— Annuel ou vivace ; massif, rocaille.—Toute terre.— Bonne exposition.—L'année suivante, en juillet, fleurs bleues, blanc jaunâtre.

Valériane *d'Alger*.— St. 30.—Annuelle ; bordure.—Croissan[t] à l'ombre. — Terre légère.— L'année suivante, en mai fleurs rouges.

NOVEMBRE

TRAVAUX DE CE MOIS

C'est le dernier mois pour semer les céréales.

Les jardins occupent beaucoup pendant ce mois. On commence par enlever les racines qui craignent les rigueurs de l'hiver, et l'on fait les plantations d'arbres fruitiers et d'ornement; on laboure les terres incultes; on enlève les tiges d'asperges (porte-graines) à 10 centimètres environ du niveau du sol et on les déchausse; on travaille la terre sans toucher aux racines et on y met ensuite une couche de fumier, si l'on désire avoir au printemps des asperges d'une belle grosseur.

On craie les plants des vignes.

Les défoncements ont lieu ce mois-ci. On enlève de la terre tout ce qui est nuisible aux plantes cultivées; on continue à drainer les terres qui en ont besoin.

On bêche, on fume et on butte les plantes d'artichaut.

On bêche le tour de chaque arbre à fruit.

On butte et on empaille les plantes qui craignent le froid.

On enlève les œilletons qui se trouvent aux pieds mères et qui servent à faire de nouvelles plantes.

On peut commencer la plantation des griffes d'asperge.

Les semis de pois précoces peuvent se faire à une bonne exposition sur une terre légère et sèche.

Avant que les grands froids arrivent, il convient de rentrer dans la serre les plantes et arbustes qui ne peuvent supporter l'hiver.

Pour avoir dans cette saison une récolte de fraises remontantes, on couvre les planches de fraisiers des Alpes avec des paillassons.

Les semis d'arbres qu'on n'a pas besoin de stratifier peuvent se faire dans ce mois.

On taille les arbres fruitiers à partir de la chute des feuilles.

La récolte des olives a lieu dans ce mois.

On garantit du froid les garances. — On doit chausser les oliviers.— On tire le vin des cuves.

SEMIS DE POTAGER

Arbres fruitiers (plantation).

Production l'été et l'automne.

Asperge (griffes fortes et choisies pour forcer sur couches et sous châssis.)

Culture forcée. — Établir des couches de 50 cent. de haut et de 1 mètre de large — Placer une couche avec du bon fumier d'étable, un mélange de feuilles et du fumier de vache, puis poser les panneaux. — Couvrir cette couche de 5 centim. de terreau et placer les châssis. — Après avoir laissé la couche vingt-quatre heures, afin qu'elle soit bien échauffée, on prend chaque griffe en rapprochant les racines pour leur couper le bout avec une serpette; ensuite on les pose debout sur la couche à distance de 50 cent. en tous sens, puis on remplit le panneau de terreau jusqu'à la partie supérieure. — Pendant la nuit, couvrir les châssis de paillassons, et les ôter le jour si le temps est beau. Avoir le soin de tenir les châssis toujours bien fermés. — Quinze jours après avoir mis les châssis, on peut commencer à récolter des asperges.

Céleri plein rouge.

Semis sous châssis (même culture que celle du mois d'octobre). —On récolte l'année suivante en mai.

Cerfeuil commun. — C. frisé.

Semis en plein air (même culture que celle du mois d'octobre). — On récolte l'année suivante en avril.

Cerfeuil bulbeux ou tubéreux.

Semis en plein air (même culture que celle du mois de septembre)· — On récolte l'année suivante en juin.

Champignon (blanc de).

Même culture à l'air libre que celle du mois de mai.— Même culture en cave que celle du mois d'avril.

Chicorée à couper ou sauvage.

Semis sous châssis (même culture que celle du mois de juin). — On récolte l'année suivante en janvier.

Cresson alénois commun. — C. frisé.— C. doré. — C. à larges feuilles.

On sème en plein air, en place, par planches ou par bordures, dans tous les terrains. — Bonne exposition. — On cueille en décembre.

Cresson de fontaine ou de rivière.

Semis en plein air (même culture que celle du mois de septembre). — On récolte l'année suivante en mars.

Échalotte (gousses).

Même culture que celle du mois de janvier. — On récolte l'année suivante en juin.

Épinard commun. — E. d'Angleterre. — E. de Hollande. — E. de Flandre. — E. d'Esquermes.

On sème en plein air (même culture que celle du mois de septembre). — On récolte l'année suivante en janvier-février.

Estragon (touffes).

Même culture que celle du mois de septembre.— On récolte l'année suivante en mai.

Fève de marais grosse hâtive. — F. de Windsor tardive. — F. julienne très-précoce. — F. violette tardive. — F. naine hâtive. — F. verte hâtive.

Semis en plein air (même culture que celle du mois d'octobre).— On récolte en mai.

Laitue pommée gotte ou gau*. — L. dauphine*. — L. gotte, lente à monter*. — L. de la Passion. — L. rousse hollandaise. — L. rougette. — L. très-blonde, frisée, de Malte. — L. morine. — L. grosse brune paresseuse.

Laitue romaine verte d'hiver. — L. romaine verte maraîchère.

Les trois premières laitues, marquées de ce signe *, se sèment sous châssis; puis on les repique à une bonne exposition à l'abri d'un mur et on les couvre pendant la nuit — Les autres laitues et les romaines se sèment sous châssis, puis on repique en plein air.—On établit quatre rangs en ados au midi pour y repiquer les plants à 25 cent. de distance. —Toutes les laitues et les romaines demandent une terre substantielle et fraîchement fumée.—Binages et arrosages fréquents.—On récolte en mars-avril, suivant leur précocité.

Laitue à couper, chicorée.— L. à couper, épinard.

Semis en plein air (même culture que celle du mois de janvier) — On récolte en janvier.

Mâche ou doucette verte et blonde. — M. d'Italie ou régence. — M. de Hollande, à grosses graines.

Semis en plein air (même culture que celle du mois d'août). — On récolte en janvier.

Nigelle aromatique.

Semis en plein air. — Les graines produisent l'année suivante en mai (même culture que celle du mois d'octobre).

Oignon patate.

Cet oignon ne donne ni graines, ni rocamboles; il se produit par cayeux, que l'on plante à 25 cent. en tout sens.— Production l'année suivante en juillet.

Oseille vierge. — O. patience.

Plantation.—Même culture que celle du mois d'octobre.- On récolte l'année suivante en novembre.

Picridie cultivée.

Semis en plein air (même culture que celle du mois d'octobre). — On récolte l'année suivante en mars.

Persil ordinaire. — P. nain frisé. — P. à grosse racine. — P. gros de Naples.

Semis en plein air (même culture que celle du mois d'octobre). — On récolte en mars.

Pimprenelle petite des jardins.

On l'emploie pour fourniture de salade. — On sème en plein air, en place, par bordure ou par planche. — Tout terrain. — Toute exposition. — On récolte l'année suivante en mars.

Pois à écosser nain quarantain du pays. — P. très-nain de Bretagne. — P. nain hâtif de Hollande.

Pois à écosser, mi-rames, prince-Albert. — P. Michaux de Hollande. — P. Early-Daniel-O'Rourk.

Semis en plein air (même culture que celle du mois de janvier). — On récolte en avril.

Pomme de terre marjolaine (tubercules).

Même culture que celle du mois d'octobre. — On récolte en février.

Roquette.

Même culture que celle du mois d'octobre.— On récolte en décembre.

Tomate rouge, grosse, hâtive.

Pour forcer sous châssis (même culture que celle du mois d'octobre). — Produit l'année suivante en avril.

SEMIS DE FLEURS

Alysse, *Corbeille-d'or.* — St. 20. — Vivace ; rocaille. — Terre sèche, pierreuse.— Toute exposition.— L'année suivante, en avril, fleurs d'un jaune d'or.

Adonide *d'été.* — St. 30. — Annuelle ; bordure. — Terre légère. Toute exposition. — L'année suivante . en mai, fleurs rouge vif, noirâtre au centre.

Belle-de-Jour.—Sp. 35.—Annuelle ; bordure.— Terre légère , bien fumée.— Bonne exposition.— L'année suivante, en mai, fleurs tricolores.

Bouquet-parfait, *OEillet-de-poële.* — St. 40. — Trisannuel ; bordure. — Terre légère et fraîche. — Toute exposition. — L'année suivante, en mai, fleurs disposées en bouquets, variées en couleurs.

Campanule *pyramidale.* — St. 140. — Bisannuelle ; rustique, rocaille.— Terre franche, légère.— Mi-soleil.— L'année suivante, en juillet, fleurs bleues ou blanches , disposées en grappes.

Centaurée, *barbeau, bleuet.* — Sp. 45. — Annuelle ; massif. — Tout terrain.— Toute exposition.— L'année suivante, en mai, fleurs jaunes, blanches ou violettes.

Clématite *à feuille entière.* — St. 300.— Vivace ; grimpante.— Terre chaude, légère. — Exposition chaude et sèche.— L'année suivante, en mai, fleur d'un rose violacé.

Collinsia *bicolor.* — Sp. 25. — Annuel ; bordure. — Terre légère et fertile. — Toute exposition. — L'année suivante, en avril, fleurs lilas et blanc.

Collomia *coccinea.* — Sp. 25. — Annuelle ; bordure. — Toute terre.— Toute exposition.— L'année suivante, en juin, fleurs rouges coccinées.

Coreopsis *elegans.* — St. 75. — Massif. — C. *de Drummond.*— St. 60.— C. *couronné.*— St. 40.—Bordure ; annuel.—Terre ordinaire , fraîche.— Bonne exposition. — L'année suivante, en juin-juillet, fleurs jaunes tachées de brun.

Coquelourde, *Rose-du-ciel.* — St. 50.— Annuelle ; bordure.— Terre légère. — Bonne exposition.— L'année suivante , en juin, fleurs pourpres ou rose tendre.

Coquelicot *double.*—Sp. 50.—Annuel ; massif.— Toute terre. — Bonne exposition. — L'année suivante, en mai, fleurs variées en couleurs.

Crepis.—Sp. 25.— Annuel ; bordure.— Tout terrain.— Toute exposition.—L'année suivante, en mars, fleurs blanches, roses ou jaunes.

Cupidone.— St. 100.— Vivace ; massif. Terre légère.—Exposition chaude. — L'année suivante, en juin, fleurs bleu de ciel ou blanches.

Cynoglosse *à feuilles de lin (Argentine).* — Sp. 30.— Annuelle ;

bordure.— Tout terrain.— Bonne exposition.—L'année suivante, en juillet, fleurs en panicules blanches.

Croix-de-Jérusalem, *Lychnis*. — St. 50. — Vivace massif. — Terre franche, légère et fraîche. — Bonne exposition. — L'année suivante, en juin, fleurs d'un rouge éclatant ou blanches, disposées en forme de croix de Malte.

Enothère *de Drummond*.— St. 60.— Annuelle ou bisannuelle; massif, odorante. — Toute terre. — Bonne exposition. — L'année suivante, en juin, fleurs d'un jaune paillé. (Variété naine de 35 cent.)

Eschöltzia *Californica*. — Sp. 35. — Bisannuelle; massif ou bordure.— Terre ordinaire.—Exposition au soleil. — L'année suivante, en juin, fleurs d'un jaune pur ou blanches.

Gilia *tricolore*.— Sp. 40. — Annuel ; bordure. — Tout terrain. — Toute exposition. — L'année suivante, en juillet, fleurs disposées en bouquets d'un jaune brun.

Giroflée *quarantaine, feuille cendrée*. — G. *quarantaine, feuille verte*. — Se. 30. — Annuelle; odorante, bordure. — Terre franche, amendée. — Bonne exposition. —L'année suivante, en juin, fleurs variées en couleurs.

Giroflée *jaune ou violier*.—G. *jaune à fleurs violettes*.—G. *jaune à fleurs brunes*. — G. *jaune à fleurs doubles*. — St. 50. — Vivace; rustique, bordure, rocaille. — Tout terrain. — Toute exposition. — L'année suivante, en avril, fleurs violettes ou brunes.

Godetia *rubicunda*. — Sp. 75. — Annuel; massif. — Terre ordinaire.— Exposition chaude.— L'année suivante, en avril, fleurs roses et pourpre clair.

Julienne *de Mahon*.— Sp. 25. — Annuelle; rocaille, rustique, odorante, bordure. — Toute terre. — Toute exposition. — L'année suivante, en avril, fleurs lilas, violettes, blanches ou rouges.

Kaulfussia *ameloïdes*.— St. 30. — Annuelle; massif.— Terre franche, légère. — Bonne exposition. — L'année suivante, en juin, fleurs d'un bleu d'azur.

Lavatère *à grandes fleurs*.— St. 100. — Annuelle; massif. — Terre substantielle, fraîche. — Toute exposition. — L'année suivante, en juillet, fleurs roses ou blanches.

Malope *à grandes fleurs*. — Sp. 100. — Annuelle; massif. —

Terre ordinaire. — Toute exposition. — L'année suivante, en juin, fleurs roses, violettes ou blanches.

Maurandia *de Barclay*. — Sc. 250. — Annuelle (vivace en serre) ; grimpante. — Terre légère, substantielle. — Bonne exposition.—L'année suivante, en juin, fleurs bleues ou rouges.

Nigelle, *Patte-d'araignée* — Sp. 40. — Annuelle ; bordure. — Terre légère et chaude. — Toute exposition. — L'année suivante, en mai, fleurs bleues.

Nemophile.—Sp. 20.—Annuelle ; bordure.—Terre ordinaire. — Toute exposition. — L'année suivante, en avril, fleurs bleues, blanches ou maculées.

Œ. *d'Inde grand.*—ŒE. *d'Inde nain (Passe-velours).*—St. 30 à 60. — Annuel ; massif. — Terre humide.— Exposition chaude. — L'année suivante, en juillet, fleurs d'un jaune vif ou d'un jaune pourpre.

Œ. *de Chine, Heddwig.* — St. 35. — Annuel ; massif. — Terre légère. — Bonne exposition. — L'année suivante, en août, fleurs pourpres, blanches ou roses.

Œ. *de Gardner.*— Sc. 45. — Bisannuel ; rustique, massif. — Terre ordinaire.— Bonne exposition.— L'année suivante, en juin, fleurs d'un rose pourpre ou d'un blanc rose.

Pavot *double.* — Sp. 100. — Annuel ; massif. — Toute terre. Toute exposition. — L'année suivante, en mai, fleurs variées en couleurs.

Petunia *hybride.*—St. 70 —Annuel (vivace en serre) ; bordure. — Terre meuble et légère. — Bonne exposition. — L'année suivante, en juillet, fleurs variées en couleurs.

P. *odorant.*— St. 75.— Bisannuel ou vivace ; bordure, rustique, rocaille. — Toute terre. — Toute exposition. — L'année suivante, en juin, fleurs violettes ou blanches.

Pied-d'alouette *nain.*— Sp. 45.—P.-d'a. *grand.* — Sp. 100. Annuel ; bordure. — Terre ordinaire. — Toute exposition. —L'année suivante, en juin, fleurs en pyramides, variées en couleurs.

Pois *de senteur.*—Sp. 120.— Annuel ; odorant, grimpant, rustique.—Tout terrain.—Toute exposition.—L'année suivante, en juin, fleurs variées en couleurs.

Pois *vivace (lathyrus latifolius).*—Sp. 180.—Grimpant.—Terre ordinaire. — Bonne exposition.— L'année suivante, en juin, fleurs variées en couleurs.

Réséda *odorant*. — R. *à grandes fleurs*. —Sc. 30.—Bordure ; annuel ; odorant (vivace en serre). — Toute terre. — Bonne exposition.— L'année suivante, en mai, fleurs verdâtres. .

Sainfoin *d'Espagne*. —St. 100. — Vivace ; odorant, massif. — Terre légère, saine et profonde, au midi.—L'année suivante, en juin, fleurs d'un rouge purpurin ou blanches.

Silène *pendant*.—St. 30. — Annuelle ou bisannuelle ; bordure. — Terre légère. — Exposition chaude. — L'année suivante, en juin, fleurs d'un rose tendre.

S. *d'Orient*.—St. 60.— Bisannuelle ; bordure.— Craint l'humidité. — Terre très-saine, bien drainée. — Demande le grand air et le plein soleil. — En juillet, fleurs d'un rose tendre, en très-gros bouquet.

Scabieuse *des jardins*. — Sp. 65. — Bisannuelle ; massif. — Terre meuble. — Exposition chaude. — L'année suivante, en juillet, fleurs pourpres, roses ou panachées.

Souci *double à la reine*.—St. 50.— Annuel ; rustique, massif. — Toute exposition. — L'année suivante, en juillet, fleurs abondantes d'un jaune clair, tachées de teintes brunâtres.

Thlaspi *odorant*.—T. *violet foncé nain*. —Sp. 30. — Annuel ; bordure. — Tout terrain. — Toute exposition. — L'année suivante, en juin, fleurs violettes ou blanches.

Verveine *hybride*. — V. *d'Italie*. — Sc. 30. — Annuelle (vivace en serre) ; bordure.—L'année suivante, en juin, fleurs variées en couleurs.

Verveine *de Miquelon*. — Sc. 30. — Annuelle ; bordure. — L'année suivante, en juin, fleurs rose foncé, amarantes. V. *venosa* (à feuilles rugueuses) Sc. 35. — Annuelle ; bordure. — L'année suivante, en juin, fleurs violet bleuâtre. — V. *pulcherrima* (élégant). — Sc. 40. — Annuelle ; bordure. —En juin, fleurs violettes.

Les verveines viennent en terre ordinaire et demandent une exposition chaude.

Valériane *d'Alger*. — St. 30. — Annuelle : bordure. — Croissant à l'ombre. — Terre légère. — L'année suivante, en mai, fleurs rouges.

DÉCEMBRE

TRAVAUX DE CE MOIS

Les mêmes travaux à faire que le mois précédent : on termine les labours, les défoncements ; on travaille les planches d'asperges et d'artichauts. Les labours pour le jardinage doivent toujours se faire par un temps sec.

Les coupes de bois se font dans ce mois.

On doit garantir du froid les cultures forcées, avec de la litière ou des paillassons.

On termine la récolte des olives.

Tous les arbres fruitiers peuvent se planter à cette époque.

On continue la taille des arbres fruitiers.

On enlève les vieilles souches pour les remplacer plus tard par de jeunes vignes.

Si le jardinier avait terminé en novembre les travaux que j'indique plus haut, il ne resterait pas grand'chose à faire dans ce mois. On peut toujours s'occuper à préparer du terreau, du fumier pour fumer les places réservées pour les plantations que l'on doit faire plus tard, et détruire les anciennes couches.

On ramasse les feuilles sèches de toutes les plantes qui doivent servir plus tard de litière pour les bestiaux ou pour abriter les végétaux qui craignent le froid.

Profitez du mauvais temps pour faire des paillassons, réparer les outils et les coffres, poser les vitres qui manquent aux châssis.

On peut s'occuper à réparer les haies mortes.

Pendant tout l'hiver, les laitues, chicorées, etc., se repiquent sur des raies et non dans des vaseaux.

Faire stratifier les noyaux d'arbres à fruits, si l'on veut avoir plus tard des jeunes plants de semis.

SEMIS DE POTAGER

Arbres fruitiers (plantation).

On récolte en été et en automne.

Asperge (griffes).

Même culture pour plein air que celle du mois de janvier. — Même culture forcée que celle du mois de novembre.

Céleri plein rouge.

Semis sous châssis (même culture que celle du mois d'octobre). — On récolte l'année suivante en juin.

Cerfeuil commun. — C. frisé.

Semis en plein air (même culture que celle du mois d'octobre). — On récolte en avril.

Cerfeuil bulbeux ou tubéreux.

Semis en plein air (même culture que celle du mois de septembre).

Champignon (blanc de).

Culture en cave (même culture en cave que celle du mois d'avril).

Chicorée à couper, ou amère.

Semis en plein air (même culture que celle du mois de mars). — On récolte l'année suivante en mars.

Cresson alénois commun. — C. frisé. — C. doré. — C. à larges feuilles.

Semis en plein air (même culture que celle du mois de novembre). On récolte l'année suivante en janvier.

Chou pommé ou cabus de t-Denis. — C. pommé d'Alsace. — C. quintal. — C. de Hollande, pied court. — C. rouge.

Les semis se font sous châssis (même culture que celle du mois de janvier). — On récolte l'année suivante en juin-juillet.

Échalotte (gousses).

(Même culture que celle du mois de janvier.)

Épinard commun. — E. d'Angleterre. — E. de Hollande. — E. de Flandre. — E. d'Esquermes.

Semis en plein air (même culture que celle du mois de janvier). — On récolte l'année suivante en mars.

Estragon (plants).

Même culture que celle du mois de janvier

Fève de marais grosse hâtive. — F. de Windsor. — F. julienne très-précoce. — F. violette tardive. — F. naine hâtive. — F. verte.

Semis en plein air (même culture que celle du mois d'octobre). — On récolte en juin.

Haricot noir hâtif de Belgique. — H. nain hâtif de Hollande. — H. nain flageolet blanc.

Culture forcée pour primeur sous châssis. — On commence par creuser la terre à 50 cent. de profondeur sur 60 cent. de large; on y place 25 cent. de fumier de cheval, mélangé avec des feuilles ou de la tannée;

puis on y met la même quantité de bonne terre, afin que la couche soit au niveau du sol. — On établit un coffre en planches de 40 cent. de haut sur le derrière et 30 cent. sur le devant, avec vitrage au-dessus seulement. — On sèmera en touffes 4 à 5 grains ensemble à 15 cent. de distance. Les rangs ou lignes doivent avoir 30 cent. de distance. — Aussitôt que les plants se montrent, on donne un peu d'air en ouvrant le châssis peu à peu, suivant la croissance de la plante. — Peu d'arrosement jusqu'au moment de la floraison. — Garnir de litière sèche le tour du coffre sur toute sa hauteur. — Chaque soir, au moment des froids, couvrir le châssis avec des paillassons. — On récolte en mars.

Laitue pommée gotte ou gau. — L. dauphine. — L. gotte, lente à monter.

On sème sous châssis, puis on les repique à une bonne exposition à l'abri d'un mur; on doit les couvrir pendant la nuit. — On récolte l'année suivante en avril.

Laitue pommée de la Passion. — L. rougette. — L. morine. — L. très-blonde de Malte. — L. rousse hollandaise. — L. grosse brune paresseuse.

On sème sous châssis. — Plus tard, on établit en plein air quatre rangs en ados au midi pour y repiquer les plants à 25 cent. de distance. — On récolte l'année suivante en mai.

Toutes les laitues demandent une terre substantielle et fraîchement fumée. — Binages et arrosages fréquents.

Laitue à couper, chicorée. — L. à couper, épinard.

Même culture que celle du mois de janvier. — On récolte l'année suivante en janvier.

Melon ananas (de poche). — M. chito. — M. cantaloup, Prescott, gros et petit. — M. cantaloup noir des Carmes. — M. cantaloup orange (grimpant).

Même culture que celle du mois de janvier. — La couche doit avoir 30 centimètres d'épaisseur. — On récolte sous châssis en mars-avril.

Pois à écosser nain quarantain du pays. — P. très-nain de Bretagne. — P. nain hâtif de Hollande. — P. nain anglais. — P. l'évêque, à longue cosse.

Pois à écosser, mi-rame, prince-Albert. — P. Michaux de Hollande, mi-rame. — P. Early-Daniel-O'Rourk.

Pois à écosse, à rame. — P. Michaux de Paris.

Pois mange-tout nain hâtif de Hollande. — P. mange-tout, mi-rame.

Semis en plein air (même culture que celle du mois de janvier). — On récolte en mai.

Pomme de terre marjolaine (tubercules).

Même culture que celle du mois d'octobre. — On récolte l'année suivante en mars.

Persil ordinaire. — P. nain frisé. — P. à grosse racine. — P. gros de Naples.

Semis en pleine terre (même culture que celle du mois de janvier).— On récolte l'année suivante en mars.

Tomate (pomme d'amour) rouge grosse. — T. naine à feuille crispée. — T. à tige raide (gros fruit).

Culture pour primeur.— Semis sous châssis (même culture que celle du mois de janvier). — Produit l'année suivante en mars.

SEMIS DE FLEURS

Auricule, *Oreille-d'ours*. Sc. 15.— Vivace ; odorante.— Terre consistante, franche, légère et saine.— Exposition mi-ombragée et au nord (semis en terre légère.) L'année suivante, en avril, fleurs variées en couleurs.

Julienne *de Mahon*. — Sp. 25. —Annuelle ; rocaille, rustique, odorante, bordure.—Toute terre.—Toute exposition.—L'année suivante, en avril, fleurs lilas, violettes, blanches ou rouges.

Lavatère *à grandes fleurs*. — St. 100.—Annuelle ; massif.— Terre substantielle, fraîche. — Toute exposition. — L'année suivante, en juillet, fleurs blanches ou roses.

Pois *de senteur*. — Sp. 120. — Annuel ; odorant, grimpant, rustique. — Tout terrain.—Toute exposition.—L'année suivante, en juin, fleurs variées en couleurs.

P. *vivace (lathyrus latifolius*). — Sp. 180. — Grimpant. — Terre ordinaire.—Bonne exposition. — L'année suivante, en juillet, fleurs roses.

Réséda *odorant*.— R. *à grandes fleurs*.— Sc. 30.— Bordure ; annuel (vivace en serre). — Toute terre. — Bonne exposition.— L'année suivante, en mai, fleurs verdâtres.

GRANDE CULTURE

—

MESURES AGRAIRES

Hectare, valant........ 10,000 mètres carrés.
Are (unité) » 100 »
Centiare » 1 »
Carterée (mesure locale) 2,000 »

SEMIS D'AUTOMNE

(Septembre, octobre, novembre)

Ajonc (jonc marin).......................	14 kil. par hect.	
Avoine du pays...................	300 litr..	»
Agrostis d'Amérique.....................	6 kil.	»
Brôme des prés..........................	50 »	»
» de Schrader.....................	50 »	»
Bunias d'Orient.........................	20 »	»
Chardon ou cardère.....................	8 »	»
Chicorée sauvage.......................	15 »	»
Colza d'automne........................	5 »	»
Dactyle pelotonné......................	60 »	»
Ers...................	50 »	»
Fétuque (les variétés)..................	50 »	»
Flouve odorante........................	40 »	»
Fromental de montagne..................	125 »	»
Fromental de Tourves (Var)..............	50 »	»
Fléole des prés.........................	8 »	»
Garousse...............................	70 »	»
Houque laineuse........................	50 »	»
Jarosse d'Auvergne (lentille).............	100 litr.	»
Lin (les variétés).......................	160 kil.	»
Luzerne................................	25 »	»
Lawn-grass, gazon mélangé..............	150 »	»
Melilot de Sibérie......................	15 »	»
Paturin (les variétés)...................	20 »	»
Pimprenelle grande....................	35 »	»
Pavot blanc et œillette.................	3 »	»
Raifort champêtre	5 »	»

RAY-GRASS anglais (pour gazon).............. 100 kil. par hect. ·
   (pour bordure) 2 kil. par cent mèt. de longr.
RAY-GRASS d'Italie........................ 60 » »
     »   des Alpes (dactyle)............. 60 » »
SPERGULE................................. 15 » »
SAINFOIN (esparcette)...................... 500 litr. »
TRÈFLE violet ou commun.................. 20 kil. »
VESCE d'hiver............................. 300 litr. »

SEMIS DU PRINTEMPS

(*Mars, avril, mai*)

(Les semis qui peuvent commencer à se faire au mois de février sont indiqués par un F.)

AVOINE du pays...................... F. 300 lit. par hect.
ALPISTE (graine longue).................. 15 kil. »
ARACHIDE (pistache de terre).   —
AGROSTIS d'Amérique.................... 6 kil. »
AJONC (jonc marin)..................... 14 » »
BETTERAVE pour bestiaux................ 6 » »
BRÔME des prés....................... 50 » »
   » de Schrader.............. 50 » »
BUNIAS d'Orient....................... 20 » »
CAROTTE pour bestiaux.................. 5 » »
CHANVRE............................. 400 lit. »
CHICORÉE sauvage..................... 15 kil. »
COLZA du printemps.................... 5 » »
CHOU cavalier......................... 1 » »
DACTYLE pelotonné..................... 60 » »
FÉTUQUE (les variétés).................. 50 » »
FLOUVE odorante...................... 40 » »
FROMENTAL de montagne.... .... 125 » »
   »   de Tourves (Var)............. 50 » »
FLÉOLE des prés....................... 8 » »
FENUGREC.   —
GARANCE............................. 70 » »
GESSE (pois carré) .... 245 » »
HOUQUE laineuse...................... 50 » »
LIN (les variétés)...................... 160 » »
LUPIN .... 125 » »
LUPULINE (minette dorée)................ 20 » »

Luzerne	25 kil. par hect.	
Lawn-grass, gazon mélangé................	140 »	»
Maïs (blé de Turquie).....................	60 »	»
Millet jaune (graine ronde).................	15 »	»
» blanc (graine ronde)..............	15 »	»
» à balais (sorgho).................	10 »	»
» noir à sucre (sorgho)..............	10 »	»

Les millets se sèment d'avril en juillet.)

Mélilot de Sibérie.......................	15 »	»
Moutarde blanche........................	7 »	»
Madia sativa............................	15 »	»
Navette d'été...........................	4 »	»
Pavot blanc ou œillette.................	3 »	»
Panais long............................	6 »	»
Pois gris.	300 lit.	»
Pimprenelle grande................... F.	35 kil.	»
Paturin (les variétés).............. F.	20 »	»
Ray-fort champêtre.....................	5 »	»
Ray-grass anglais pour gazon.......... F.	150 »	»
(pour bordure) 2 kil. par cent mèt. de long'.		
Ray-grass d'Italie (gazon).............. F.	60 »	»
» des Alpes (dactyle)........... F.	60 »	»
Sainfoin (esparcette)................. F.	500 lit.	»
Spergule...........................	15 kil.	»
Trèfle blanc, nain de Hollande......... F.	15 »	»
» violet ou commun................	20 »	»
Vesce du printemps.................... F.	300 lit.	»

SEMIS D'ÉTÉ

(Juin, juillet, août)

Colza d'automne.......................	5 kil. par hect.	
Chou navet............................	6 »	»
Millet (les variétés), semer jusqu'en juillet seulement............................	15 »	»
Navette d'automne.......................	4 »	»
Sarrasin (blé noir), semer depuis mai.......	100 lit.	»
Trèfle incarnat ou farouche...............	25 kil.	»

BULBES ET OIGNONS A FLEURS

(Plantation à faire depuis octobre jusqu'en décembre. On peut prolonger la plantation jusqu'en février pour ceux marqués de ce signe *)

AGAPANTHUS UMBELLIFERUS.
ALLIUM (les variétés).
ALSTROEMERIA.
AMARYLLIS (les variétés)*.
ANÉMONE (les variétés)*.
ANOMATHECA JUNCEA.
ANTHOLIZE d'Éthiopie.
ASCLEPIAS TUBEROSA.
AVANT JONQUILLE.
BEGONIA DISCOLOR*.
BOUSSINGAULTIA grimpant*.
CALLA OETHIOPICA.
CANNA, balisier.
COLCHICUM.
COURONNE IMPÉRIALE.
CROCUS VERNUS.
CYCLAMENS (les variétés)*.
DICLITRA SPECTABILIS.
FERRARIA.
FRITILAIRE-DAMIER.
FUMARIA BULBOSA.

HEMEROCALIS.
IRIS (les variétés).
IXIA (les variétés).
JACINTHE (les variétés)*.
JONQUILLE double.
LACHENALIA.
LIS, LILIUM (les variétés).
MUGUET de mai.
MUSCARI.
NARCISSES (les variétés).
ORNITHOGALE*.
OXALIS (les variétés)*.
PANCRATIUM.
PERCE-NEIGE ou nivéole.
PIVOINE herbacée*.
RENONCULE (les variétés).
SCILLE (les variétés).
SPARAXIS.
TIGRIDIA.
TULIPE (les variétés).
TROPOELUM grimpant.

LES ESPÈCES SUIVANTES SE PLANTENT DE FÉVRIER EN MAI

DAHLIA (les variétés).
GLAIEUL (les variétés).

TUBÉREUSE.

(Le CROCUS ou SAFRAN se plante depuis août jusqu'en octobre.)

EXPLICATION DES PRINCIPAUX TERMES

indiqués dans le Calendrier.

Annuelle. — Indique les plantes qui ne vivent qu'une année.

Bisannuelle. — Indique les plantes qui vivent deux années.

Trisannuelle. — Indique les plantes qui vivent trois années.

Vivace. — Indique les plantes qui vivent plus de trois années.

Grimpante. — Indique les plantes dont les tiges, faibles et sarmenteuses, cherchent à s'élever, demandent à s'appuyer et à s'accrocher aux objets qui se trouvent sur leur passage. On devra les palisser et les conduire sur des treillages, afin de donner aux plantes grimpantes un aspect gracieux.

Massif, corbeille, plate-bande, rosace. — Indiquent une pièce de terre, le plus souvent bombée et de forme ronde ou ovoïde, ellipsoïde ou plus ou moins allongée et irrégulière, sur laquelle on plante une réunion de plantes à fleurs ou à feuiles d'ornement, ou bien un assemblage d'arbustes d'agrément.

Rocaille, rocher, talus rocailleux. — Indiquent les espèces de plantes dont la culture offre le moins de difficultés, et peuvent donner de bons résultats pour orner promptement une rocaille ou dissimuler la nudité des ruines, talus, etc.

Aquatique. — Indique les plantes qui vivent dans l'eau.

Odorante. — Indique les plantes dont les fleurs ou les feuilles ont une odeur agréable et toujours très-appréciée.

Serre. — Indique les plantes de serre qui peuvent être exposées tout l'été, en plein air ; on les emploie à la décoration des jardins paysagers pour faire des massifs isolés ou groupés sur les pelouses.

Si on désire les conserver, on doit les rentrer dans la serre dès que les froids commencent à se faire sentir.

Croissant à l'ombre. — Indique les plantes qui demandent les endroits abrités, encaissés, demi-ombragés et frais, ainsi que les plates-bandes, les pentes au nord, les parties de jardin privées d'un plein soleil, soit par une muraille ou par des arbres.

Il est bien entendu qu'un ombrage absolu, où le grand courant d'air ne serait pas établi, nuit toujours à la végétation.

Bordure. — Indique les plantes qui, par leur forme régulière et souvent serrée, peuvent être employées pour longer des allées, des sentiers, et pour border les plates-bandes, les massifs, les corbeilles , etc.

Presque toutes les plantes désignées pour bordures peuvent servir à faire de jolis petits massifs.

Indication des mois qui précèdent la floraison. — Indique l'époque à laquelle les plantes doivent fleurir suivant l'indication des semis.

Malgré tous les soins que nous avons dû mettre pour indiquer d'une manière précise l'époque de floraison, il arrive quelquefois que la température, l'exposition du terrain et autres inconvénients imprévus, retardent ou avancent la floraison indiquée.

LES CHIFFRES *indiquent la hauteur des plantes par centimètres.*

RÉSUMÉ DES SIGNES

QUI SE RAPPORTENT AUX SEMIS

Sc. (semis sous châssis).— Indique les semis qui se font sous châssis ou panneau vitré , bâche ou serre , pour ensuite repiquer les plants en pleine terre et à demeure lorsqu'ils n'ont plus à craindre les gelées ou les grands froids , et qu'ils sont de force à supporter la transplantation. (*Ce semis doit être fait très-clair*.)

St. (repiquer). — Indique les semis qui ont lieu en pleine terre, pour repiquer ensuite à demeure, lorsque les plants ont atteint une grosseur convenable pour supporter la transplantation.

Sp. (semis en place). — Indique les plantes semées en plein air , en place et à la volée , prospérant bien sans le secours du repiquage. (*Les semis de carottes, betteraves , radis, navets, salsifis, etc., devront se faire très-clairs, suivant la grosseur de leurs racines en terre.*)

B. — Indique les plantes qui peuvent se semer en bordure.

La désignation des mois *indique l'époque de production.*

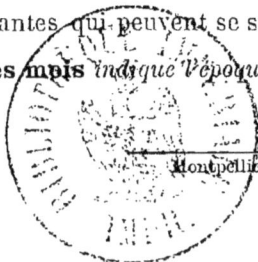

Montpellier, imprimerie Gras.

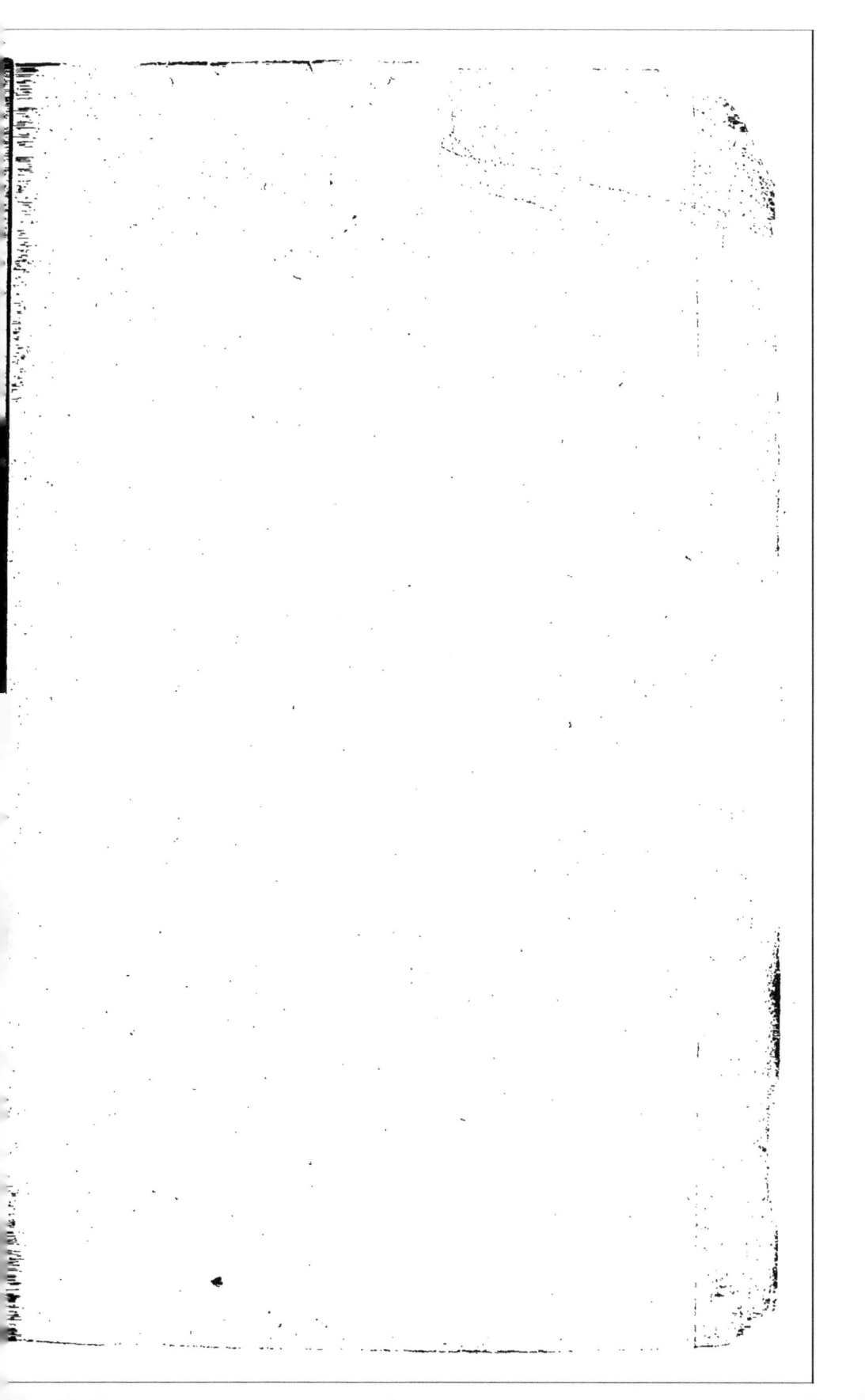

Médailles d'honneur de S. Exc. le Ministre de l'Agriculture, de Concours régionaux et de Sociétés

DOUZE MÉDAILLES POUR LÉGUMES, FRUITS ET FLEURS.

La maison GUEIDAN aîné, de Marseille, publie chaque année le Catalogue général des prix de graines potagères, fourragères, de fleurs, d'oignons à fleurs, plantes de serre et de plein air, qui est envoyé *franco* sur demande.

MONTPELLIER, IMPRIMERIE TYPOGRAPHIQUE DE GRAS

www.ingramcontent.com/pod-product-compliance
Lightning Source LLC
Chambersburg PA
CBHW071854200326
41519CB00016B/4372